BREVE HISTÓRIA DA CIÊNCIA MODERNA

VOLUME 4

A BELLE-ÉPOQUE DA CIÊNCIA

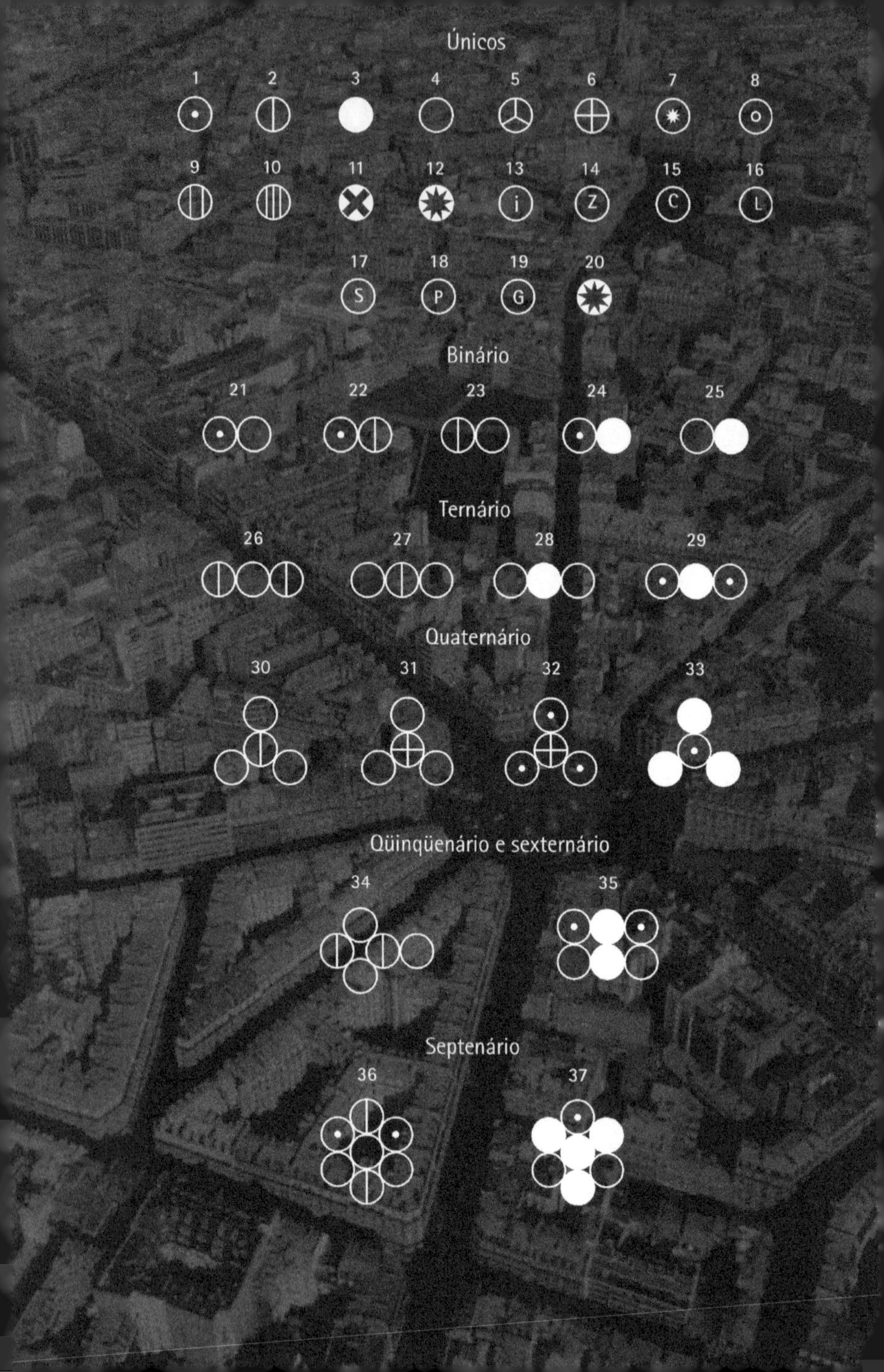
Únicos
1 2 3 4 5 6 7 8
9 10 11 12 13 14 15 16
i Z C L
17 18 19 20
S P G
Binário
21 22 23 24 25
Ternário
26 27 28 29
Quaternário
30 31 32 33
Qüinqüenário e sexternário
34 35
Septenário
36 37

Marco Braga
Andreia Guerra
José Claudio Reis

Breve história da ciência moderna

Volume 4

A belle-époque da ciência

2ª edição

Zahar

Jorge Zahar Editor Ltda.
rua Marquês de São Vicente 99 – 1º
22451-041 Rio de Janeiro, RJ
tel (21) 2529-4750 | fax (21) 2529-4787
editora@zahar.com.br
www.zahar.com.br

Projeto gráfico: Victoria Rabello
Composição: Mari Taboada
Capa: Sérgio Campante

CIP-Brasil. Catalogação-na-fonte
Sindicato Nacional dos Editores de Livros, RJ

Braga, Marco
B794b Breve história da ciência moderna, volume 4: A belle-époque
2.ed. da ciência / Marco Braga, Andreia Guerra, José Claudio Reis. —
v. 4 2.ed. — Rio de Janeiro: Zahar, 2011.
il.

Apêndice
Inclui bibliografia
ISBN 978-85-378-0050-8

1. Ciência – Filosofia. 2. Ciência – História. I. Guerra, Andreia. II. Reis, José Claudio. III. Título. IV. Título: A belle-époque da ciência.

CDD: 501
11-0792 CDU: 50

SUMÁRIO

✧ ✧ ✧

APRESENTAÇÃO

Nosso interesse pela história e filosofia da ciência surgiu ainda na universidade. Fomos apresentados a alguns textos por professores que começavam a estudar o assunto, e essas leituras nos revelaram uma realidade bem diferente daquela com que estávamos lidando nos livros didáticos. O fato aguçou-nos a curiosidade e, assim, ao concluirmos o curso de graduação em física na Universidade Federal do Rio de Janeiro, tínhamos o objetivo claro de continuar a aprofundar aqueles estudos preliminares. Decidimos formar um grupo que, nos primeiros anos, abrigou-se na universidade, como parte de uma área de pesquisa e ensino. Após esse tempo de incubação, partimos para alçar vôo próprio.

Foi assim que em 1993 surgiu o Teknê. O nome escolhido vem da palavra grega *techné*, que significa "arte", "fabricação". Inspirado nos velhos ateliês do Renascimento, em que vários artesãos mesclavam ciência, técnica e arte num mesmo trabalho, nosso grupo tinha por objetivo compreender e difundir o conhecimento científico de forma interdisciplinar.

O primeiro contato que um jovem tem com a ciência — em alguns casos, o único — ocorre invariavelmente por meio dos livros didáticos. Esses manuais apresentam apenas uma dimensão do trabalho científico, seu aspecto técnico de solução de problemas. Nada se discute sobre as grandes indagações acerca do universo ou os debates que possibilitaram a construção das teorias. Ao término de alguns anos de estudo, o que resta é uma visão muito limitada da ciência. Pretendíamos portanto resgatar uma dimensão esquecida, ao desenvolver um trabalho que nos permitisse apresentar um novo olhar sobre a ciência — em que ela pudesse ser percebida como parte de um processo maior de reflexão do homem sobre o mundo e a natureza.

Nesse sentido, percebíamos que seria necessário avançar para além das fronteiras do conhecimento que comumente se chama científico. Os homens de ciência, ao construírem teorias e modelos explicativos para os fenômenos da natureza, dialogam com outros homens que exercem atividades aparentemente distantes da científica, como teólogos, artistas plásticos, músicos ou poetas. Seria preciso navegar também nessas áreas para encontrar caminhos em que pudéssemos transitar mais amplamente.

Durante o desenvolvimento de trabalhos de investigação, já na pós-graduação, começamos a elaborar um projeto educacional que procurasse introduzir essa visão do fazer científico no ensino, por meio do estudo de momentos históricos selecionados, e permitisse a compreensão dos debates que fornecem a sustentação ao surgimento das grandes teorias. O primeiro passo foi a produção de textos para alunos do ensino médio. Mais tarde passamos a ministrar cursos de formação de professores. Neles procurávamos percorrer a história da ciência moderna utilizando diversas mídias, como imagens, música, textos etc.

Esses cursos tiveram grande sucesso e demonstraram a existência de uma demanda pelo conhecimento da história da ciência. Num primeiro momento o interesse ficou restrito aos professores das áreas científicas. Mais tarde, a partir de comentários trocados nas escolas, começaram a surgir também professores de história, filosofia, literatura e artes. Todos desejavam compreender e discutir o papel da ciência ao longo da história e como suas respectivas disciplinas se relacionavam com ela e se ressentiam da compartimentalização do saber. Ao final desses cursos, sempre nos cobravam a versão escrita daquilo que havíamos apresentado.

Com a presente série sobre história da ciência desejamos preencher essa lacuna. Gostaríamos, contudo, de criar também um diálogo com um público mais amplo, de alunos de ensino médio a profissionais de diversas áreas que tenham interesse pela ciência. Nosso intuito é envolver todos aqueles que queiram conhecer, ainda que de forma introdutória, alguns dos fios tecidos no passado e com os quais nos emaranhamos no mundo moderno. Queremos que a ciência deixe de ser objeto de culto para se tornar motivo de debate, reencontrando assim seu verdadeiro papel.

Grupo Teknê

INTRODUÇÃO

✧ ✧ ✧

O caráter de brevidade apontado pelo título desta coleção se apresenta de forma mais clara agora que adentramos o século XIX. Nos volumes anteriores, a ciência ainda dava os primeiros passos, com a intensidade dos debates físicos e astronômicos no século XVII e sua extensão para a matéria no século XVIII. No século XIX, a ciência amplia sua abrangência, com a consolidação da biologia e diversas outras áreas. Intensificaram-se os debates em todos os seus ramos. A impossibilidade de aprofundar temas e expandir os estudos para outras áreas começa a ficar patente. Procuramos suprir essa fraqueza de aprofundamento, presente em todo livro que se pretenda introdutório, com a busca de uma visão global das relações entre as diversas ciências. Ao abrirmos mão da profundidade, do olhar microscópico e detalhado sobre cada área da atividade científica, ganhamos na visão do plano geral, das relações entre as idéias, inclusive aquelas que talvez tenham sido apenas mencionadas nesse volume.

Algumas temáticas que surgiram no século XIX, mas só se desenvolveram no século XX, foram propositadamente "esquecidas" nesse volume para ganhar importância no próximo. Com isso desejávamos não ter de cortar suas histórias pelo simples fato de se ter mudado o século em questão.

Este livro tratará de um momento único da história da ciência. Talvez possamos dizer que a ciência construída por Galileu, Newton, Descartes e Leibniz chegava finalmente ao seu ápice, a ponto de gerar um novo tipo de crença. Para o homem do século XIX, a ciência podia tudo, seria a ferramenta da redenção. Embora todo aquele progresso gerasse efeitos colaterais, a própria ciência teria condições de saná-los.

Esse tempo de prosperidade, felicidade e fé nas conquistas do conhecimento humano — e de suas aplicações ao cotidiano por meio da tecnologia — bem poderia ser chamado de *belle-époque* da ciência.

1

O CENÁRIO DO SÉCULO XIX

O século da indústria

Ao longo do século XIX, a vida de grande parte de homens e mulheres que habitavam o continente europeu e suas colônias foi transformada radicalmente pelo fenômeno da industrialização. Gerado por um leque de fatores, o advento da indústria como forma de organização do trabalho teve na união entre ciência e técnica um de seus alicerces.

Na primeira Revolução Industrial, ocorrida no século XVIII, a construção das máquinas a vapor iniciou um processo de ligação, ainda que tênue, entre um saber empírico proveniente do trabalho de engenheiros e o conhecimento teórico, herdeiro da filosofia da natureza. Alguns industriais ingleses adquiriram fundamentos de mecânica teórica por meio de cursos itinerantes dados por professores da Royal Society inglesa. Embora essa ligação fosse importante, a maioria dos desenvolvimentos técnicos que permitiram a aplicação do vapor ao trabalho das máquinas teve uma base quase toda empírica. Somente no final do século XVIII, quando a Revolução Industrial já se desenrolava há quase um século, os homens de ciência começaram a construir modelos teóricos que explicassem o funcionamento daquelas máquinas. Já na segunda Revolução Industrial, ocorrida no século XIX, o processo foi totalmente diferente.

A aplicação da eletricidade à indústria só aconteceu depois que os desenvolvimentos teóricos já se encontravam bem fundamentados. O tempo que separava teoria e prática foi brutalmente reduzido, de 100 anos, na primeira Revolução Industrial, para um, na segunda. Michael Faraday apresentou à Royal Institution sua teoria da indução eletromagnética em 1831, e no ano seguinte já eram fabricados os primeiros motores elétricos. Naquele momento, ciência e técnica já haviam se fundido, surgindo aquilo que conhecemos hoje como tecnologia, que emprega os métodos e as teorias da ciência na resolução de problemas técnicos. Essa aproximação foi fundamental para o processo de industrialização, que começou na Inglaterra, mas se espalhou por outras regiões do continente europeu.

No final do século XIX, a Inglaterra era a nação mais poderosa do mundo, mas perdia fôlego perante a outras regiões continentais. A tecnologia encurtou a distância entre essas nações e a Grã-Bretanha, pois elas conseguiram unir teoria e prática de forma efetiva, enquanto os engenheiros ingleses continuavam, ainda por um bom tempo, a basear seu trabalho na tradição empírica. A reviravolta tecnológica fez com que jovens nações, até então periféricas, como a Alemanha unificada e os Estados Unidos da América, se tornassem potências industriais emergentes no final do século.

A ascensão da Alemanha como potência industrial foi significativa. Sem acesso às matérias-primas fartamente obtidas por outros países com forte presença colonial, os alemães tiveram de investir na fabricação de produtos sintéticos. Com isso, conseguiram desenvolver uma importante indústria química paralela à produção de artefatos mecânicos e elétricos. Esse projeto industrial ancorou-se na união entre ciência e técnica, não só no campo da produção industrial, mas também em seu sistema de ensino — que valorizava o pensamento especulativo ao mesmo tempo que o trabalho técnico. Depois da reforma educacional prussiana, que criou, sob a liderança de Wilhelm von Humboldt (1767-1835), a Universidade de Berlim, em 1810, foram surgindo diversos centros universitários a partir de um mesmo princípio: a união entre ensino e pesquisa.

Quando a Alemanha se unificou, em 1871, o novo Estado já contava com importantes universidades e institutos politécnicos — uma espécie de escola de engenharia em que o aprendizado teórico estava intimamente ligado à indústria. Por fim, as próprias indústrias começaram a abrir laboratórios e a financiar o processo de inovação.

Essa política educacional e de indústria deu surgimento a uma quantidade enorme de inventos que iam desde o motor a explosão interna, construído por Nikolaus Otto (1832-91), ao automóvel de Gottlieb Daimler (1834-1900) e Karl Benz (1844-1929), passando pelo dínamo elétrico de Werner von Siemens (1816-92). Como os próprios nomes indicam, vários desses engenheiros criaram empresas para comercializar seus inventos, sendo que algumas delas cresceram e tornaram-se conglomerados ainda hoje existentes.

A França — que durante o período revolucionário pôde iniciar uma política científica comandada por alguns matemáticos, físicos e químicos — passou por um processo bastante turbulento que durou quase todo o século XIX. Muito desse esforço, fomentado e gerido pelo Estado, tinha como objetivo a supremacia militar. No início do século, Napoleão Bonaparte contava com os conselhos de diversas lideranças científicas na construção de seu projeto hegemônico. Entretanto, as alternâncias de poder, produzidas por diversas rupturas, dificultaram bastante a continuidade desse projeto.

O jovem general, contudo, produziu algumas reformas que permaneceram e auxiliaram a França a manter seu status econômico em meio a esse turbilhão de guerras e revoltas. Dentre elas, a reforma da educação trouxe sua universalização sob o comando do Estado, e fez espalharem-se por todo o território escolas primárias e liceus onde a ciência passou a ter importância significativa na formação de crianças e jovens. Mesmo numa nação cujo controle da economia dependia demasiadamente do Estado, diversos capitalistas conseguiram prosperar e desenvolver regiões industriais.

Do outro lado do Atlântico, os Estados Unidos começavam a despontar como potência industrial após a Guerra Civil e a conquista do Oeste, quando o território ampliou-se significativamente. A mecanização da agricultura na região central do país produziu grande desenvolvimento agrícola ancorado na expansão das regiões de plantio. Esse projeto impulsionou o desenvolvimento industrial no campo da construção de máquinas para a realização de tais trabalhos.

De uma forma geral, ao longo do século XIX, o desenvolvimento científico não podia mais ser pensado de modo independente do desenvolvimento da indústria. As grandes nações, que conseguiram colocar-se na dianteira do processo industrial, foram aquelas que produziram a base do pensamento científico.

✧ Paris: a racionalização do espaço urbano ✧

Na metade do século XIX, Paris sofreu uma grande reforma urbanística. As ruas e casas construídas desde a Idade Média, com seus traçados sinuosos, fruto de uma ocupação natural, deram lugar a grandes avenidas e majestosos prédios. A racionalização geométrica comandou os traços urbanísticos, e a idéia de grandiosidade presente nos palácios fazia lembrar a antiga Atenas. Enormes espaços vazios e jardins surgiram para realçar a majestade dos prédios.

A indústria demandava da ciência soluções teóricas, e alguns cientistas passaram por ela antes de realizar trabalhos de vulto. Mesmo aqueles que tiveram sua formação e vida profissional dentro dos muros da universidade, com aparente independência dos assuntos industriais, trabalhavam sobre questões ligadas aos problemas tecnológicos daquela época.

Louis Pasteur (1822-95), por exemplo, foi um químico que se inseriu nos debates teóricos e experimentais sobre a geração espontânea a partir de problemas industriais ligados ao fenômeno da fermentação. James Prescott Joule (1818-89) deu importantes contribuições à termodinâmica a partir de questionamentos levantados em sua fábrica de cerveja, que punha fartamente à sua disposição máquinas térmicas e motores elétricos. Aqueles considerados mais teóricos, como James Clerk Maxwell (1831-79), trabalharam sobre problemas teóricos gerados pela nova indústria eletrotécnica.

Essa ligação direta fez com que os países que permaneceram com suas economias ligadas sobretudo ao setor agrícola durante todo o século se tornassem também pobres em termos de pensamento científico. A proximidade dos problemas técnicos fazia com que os cientistas das nações industrializadas se mantivessem na dianteira dos avanços teóricos.

As máquinas e os homens

A população européia duplicou ao longo do século XIX, em conseqüência da redução das taxas de mortalidade, enquanto se mantinham altas as taxas de natalidade; além disso, grandes contingentes populacionais se transferiram dos campos para as cidades. Por volta da segunda metade do século, a Inglaterra, que liderava o processo de Revolução Industrial até então, já possuía uma população urbana maior que a rural. Esse aumento do número de pessoas nas principais cidades européias fez com que surgisse um excedente de mão-de-obra em busca de trabalho — fator fundamental para o desenvolvimento do modelo de industrialização calcado na organização fabril.

Ao mesmo tempo, o progresso dos meios de transporte encurtou bastante o tempo gasto para percorrer as distâncias. Barcos a vapor substituíram antigos veleiros, e redes de estradas de ferro passaram a interligar as cidades a partir da segunda metade do século XIX. Essas inovações fizeram com que os produtos chegassem ao interior dos países num curto intervalo de tempo, e aproximou colônias e metrópoles, incrementando a circulação de matérias-primas em troca de produtos manufaturados. Muitos trabalhadores desempregados nos grandes centros industriais imigraram para as colônias da América e da África, levando consigo a lógica capitalista que permitiu montar a base de sustentação do comércio com as metrópoles.

O desenvolvimento técnico cristalizou um enorme sentimento de esperança ao longo do século. As máquinas que invadiam o cotidiano europeu apresentavam-se agora como a chave para a construção de um futuro próspero, fazendo antever um tempo no qual os principais problemas que afligiam a humanidade poderiam ser resolvidos pela ciência aplicada. O ideal de progresso cultivado pelos intelectuais no século anterior ganhou as ruas. O homem havia se libertado das limitações impostas pela natureza e pelas visões religiosas de outrora. A razão tornava-o senhor de seu próprio destino. Parecia não haver limites para a ciência e a tecnologia. Prometeu, enfim, fora desacorrentado.

✧ A literatura de ficção científica ✧

O processo de industrialização, no qual a máquina, em certa medida, começou a substituir diversos trabalhos antes executados por homens, fez emergir um tipo de literatura na qual se procurava projetar o futuro que a ciência poderia trazer. Na Inglaterra, H.G. Wells (1866-1946) se destacou nessa linha escrevendo novelas para jornais, acompanhadas diariamente pelas populações urbanas que habitavam as enormes cidades industriais. Suas histórias eram críticas em relação à conservadora sociedade inglesa comandada pela rainha Vitória e projetavam máquinas maravilhosas que permitiam ao homem viajar no tempo ou se confrontar com seres de outros planetas.

Na França, Jules Verne (1828-1905) seguiu caminho similar, focalizando suas histórias em aventuras ao redor do mundo, sem deixar que a tecnologia também apresentasse suas benesses. Como crítico de seu tempo, Verne utilizou seu mais famoso personagem, o capitão Nemo, do livro *Vinte mil léguas submarinas*, para mostrar os descaminhos de uma sociedade tão avançada do ponto de vista tecnológico, mas com uma mentalidade belicista quase imutável ao longo da história.

Ao mesmo tempo que esse sentimento crescia, milhares de pessoas que haviam deixado os campos acabaram impelidas a trabalhar em condições subumanas nas grandes cidades. Os ateliês familiares, que antes produziam a riqueza, agora organizavam-se sob a forma de fábricas onde dezenas de pessoas trabalhavam juntas em jornadas que ultrapassavam as 14 horas diárias, controladas pelos olhos atentos de um poder centralizado. A concepção de Universo-máquina chegava ao mundo do trabalho, fazendo dos homens engrenagens que operavam de forma organizada e sincronizada. O ferro foi substituindo paulatinamente a madeira como principal matéria-prima da era industrial, e sua fabricação exigia quantidades cada vez maiores de carvão mineral. A extração de carvão nas minas tornou-se um negócio rentável, sendo feita em condições precárias por mineiros que passavam a maior parte do dia sem ver a luz do sol, acumulando problemas de saúde.

Essa contradição entre a utopia e a realidade foi vivida de forma intensa e marcou definitivamente o século XIX. Embora o projeto político da Revolução Francesa tenha fracassado, seus ideais se difundiram e deixaram sementes por todo o mundo, tanto sob a forma de movimentos de libertação nacional como na organização de homens e mulheres na luta contra as condições degradantes de trabalho. Os sonhos de uma sociedade igualitária deram origem aos movimentos socialistas que se espalharam por toda a Europa.

Construída ao longo dos 200 anos anteriores, a ciência moderna estava no cerne dessa contradição. Ao mesmo tempo que se situava na origem de todos esses acontecimentos, pela sua componente tecnológica gerenciada pelo capital, ela passou a ser vista como ferramenta fundamental para a melhoria das condições de vida daquelas populações. Só com a compreensão científica dos mecanismos que levaram às condições de exploração se poderiam libertar homens e mulheres do jugo da opressão.

O socialismo científico de Karl Marx (1818-83), além de colocar a nu a sociedade industrial e capitalista, apontava para sua superação, a partir da criação de mecanismos concretos que permitiriam construir uma nova sociedade — na qual a propriedade privada seria abolida, em seu estágio mais elevado de organização, o comunismo.

Dessa forma, a ciência atingia o seu ápice no imaginário das sociedades européias. Como causa e solução de todos os problemas, pode-se dizer que, após 200 anos de consolidação, a ciência vivia sua belle-époque.

2

O POSITIVISMO

✧ ✧ ✧

Desde o século XVIII os filósofos naturais já apontavam para algumas questões metodológicas relativas à construção do conhecimento científico. A negação de explicações baseadas em causas ocultas, não detectáveis pela experiência, era um dos aspectos desses debates. Diversos filósofos naturais denunciavam que essas práticas, consideradas metafísicas, deveriam ser expurgadas da ciência.

Isaac Newton (1642-1727) foi um dos primeiros filósofos naturais a negar o uso de hipóteses não comprovadas experimentalmente na construção das teorias (*hypoteses non fingo*). Os filósofos iluministas, herdeiros do pensamento newtoniano, tomaram essa questão como bandeira e passaram a condenar a presença de explicações metafísicas na prática científica, mesmo quando essas hipóteses resolviam alguns problemas básicos da ciência. No centro dessas discussões estavam fundamentos de importantes teorias, como a ação a distância entre massas proposta pelo próprio Newton, a idéia do flogístico proposta por Stahl (1660-1734), ou a de princípio vital para explicar a vida.

No início do século XIX, a questão já ganhava ares de fundamento epistemológico na prática científica. Entretanto, faltava uma reflexão mais elaborada sob o ponto de vista filosófico. Na

França, um ex-aluno da Escola Politécnica de Paris se propôs a tratar do tema.

Auguste Comte (1798-1857) nasceu em Montpellier, no sul da França. Aos 16 anos, ingressou na Escola Politécnica, criada pelos revolucionários franceses para ministrar uma educação científica básica aos futuros engenheiros. Comte sentiu-se atraído pelo clima da escola, onde, segundo ele, a comunidade respirava a verdadeira ciência, livre das especulações metafísicas ou teológicas presentes nas universidades francesas. Com as guerras napoleônicas não conseguiu concluir seus estudos. Como autodidata, leu diversos autores da época, tornando-se amigo e auxiliar do filósofo Saint-Simon (1760-1825), uma das referências do socialismo utópico. Mais tarde rompeu com o amigo e passou a desenvolver sua reflexão filosófica de forma isolada. Comte construiu uma importante obra que pode ser dividida em duas fases.

A primeira fase teve seu ponto alto nos anos em que escreveu os seis volumes do *Curso de filosofia positiva*, editados entre 1830 e 1842, uma vasta obra na qual expunha sua epistemologia, que pode ser considerada continuação e aprofundamento da herança iluminista francesa. Nesse curso, o filósofo apresentava os fundamentos daquilo que denominou filosofia positiva, termo cunhado por Saint-Simon, mas desenvolvido por Comte e difundido por toda a Europa como uma escola de pensamento.

A segunda fase situa-se entre 1851 e 1854, quando escreveu e editou os quatro volumes do *Sistema da política positiva*, obra em que Comte apresentava uma análise da sociedade e propunha a criação de uma religião ateísta da humanidade. Esse trabalho gerou repercussões no processo de constituição da sociologia, embora tenha sido negado posteriormente pelos seus principais ideólogos como referencial teórico da nova ciência, pelo seu caráter místico, fonte mesmo de contradições com a primeira fase do pensamento do próprio Comte. Mesmo assim, tanto *O sistema da política positiva* como outras obras dessa segunda fase levaram alguns seguidores do positivismo a institucionalizar a religião da humanidade, com templos e rituais.

✧ A RELIGIÃO DA HUMANIDADE ✧

Um dos templos positivistas ainda existe hoje, na cidade do Rio de Janeiro, apresentando no portal o lema que inspirou os republicanos brasileiros: "*O amor por princípio, a ordem por base, o progresso por fim.*

A categorização positivista das ciências

O pensamento de Comte fazia uma análise da evolução da humanidade a partir de um estado primitivo de desenvolvimento até o atual. Numa época em que as classificações estavam na moda, o filósofo procurou ordenar o progresso da humanidade em três estados: teológico, metafísico e positivo.

O estado teológico seria aquele em que os homens atribuíam aos deuses as causas dos diversos fenômenos vivenciados no dia-a-dia. Na busca da causa última para tudo, chegou-se à elaboração do monoteísmo, unificando as diversas divindades num só Deus.

A seguir veio o estado metafísico ou abstrato. Nele, os homens buscavam explicações racionais para os fenômenos, mas, de forma ingênua, ainda procuravam essências na natureza. Para Comte, essa busca levou-os a criarem conceitos imaginários que acreditavam ser essas essências. Na visão comteana, essa busca era inútil, cabendo apenas à ciência levantar os fatos e relacioná-los por meio de leis.

O terceiro estado é o positivo, que leva os cientistas a não fazer aquelas inferências sobre a realidade última da natureza. A única realidade existente seria a fornecida pelos fatos. A ciência deveria restringir-se a criar leis que os correlacionassem. Com isso, era possível evitar explicações fantásticas, de caráter metafísico, para privilegiar os dados empíricos. Por fim, a ciência positiva deveria se eximir de tratar o absoluto, pois este transcenderia à experiência. A idéia de absoluto estava em íntima relação com a divindade. Uma ciência baseada nos fatos empíricos seria relativa por natureza.

Ao mesmo tempo que explicava a evolução do pensamento humano por meio dos três estados, Comte analisava as ciências existentes em sua época à luz da classificação evolutiva. Num momento em que as ciências passavam por um processo de especialização, com o surgimento de novas fronteiras de investigação, o filósofo apontou a existência de seis ciências apenas: matemática, astronomia, física, química, biologia e sociologia.

Essa seqüência representava uma ordem de complexidade, de acordo com o positivismo, daquela que tinha seu objeto mais simples, a matemática, até a de objeto mais complexo, a sociologia. A transição de uma à outra ampliaria os campos de estudo; e a ciência seguinte tomava por base as anteriores. A matemática seria o fundamento do estudo da astronomia, que por sua vez fundamentaria a física, e assim por diante. Além disso, quanto menos complexo o objeto de uma ciência, maior a influência do

✧ O grau de complexidade das ciências ✧

Complexidade crescente do objeto de estudo →

Matemática — Astronomia — Física — Química — Biologia — Sociologia

← mais dedutiva — mais indutiva

"Percebe-se, com efeito, que, antes de empreender o estudo metódico de alguma das ciências fundamentais, é preciso preparar-se por meio do exame daquelas referentes aos fenômenos anteriores, em nossa escala enciclopédica, posto que estes influenciam sempre, de maneira preponderante, aqueles de que se procura conhecer as leis."

Auguste Comte, *Curso de filosofia positiva*, segunda lição, XI raciocínio dedutivo em detrimento do indutivo. A matemática utilizava-se praticamente apenas de raciocínios dedutivos.

Para Comte as seis ciências fundamentais estavam sujeitas aos três estados de evolução por que passou a humanidade, já que eram construções de homens inseridos na história. Dessa forma, a astrologia, a magia e a alquimia foram expressões do estado teológico da astronomia, da física e da química. Quanto mais fundamental fosse a ciência, mais rapidamente passaria pelos três estados. Assim, a matemática foi aquela que primeiro chegou ao estado positivo, logo seguida pela astronomia, no século XVI, pela física, no XVII, pela química, no XVIII, pela biologia, no século XIX. Segundo Comte, a sociologia seria a única que ainda não chegara a esse estado.

As correntes de pensamento positivistas já existentes na ciência ganharam sistematização filosófica com a obra desse pensador. Suas idéias, nascidas de questões com as quais os cientistas se defrontavam no início do século XIX, se espalharam pela Europa e acabaram influenciando a própria construção do conhecimento científico. Ao opor-se à busca das essências, o positivismo se contrapôs diretamente às correntes materialistas, que buscavam compreender a natureza última da matéria. À sua sombra nasceram diversas teorias e conceitos, ao mesmo tempo que outros tantos foram questionados.

Comte, ao procurar pensar a ciência como um todo, chegou a discutir, no *Curso de filosofia positiva*, alguns dos fundamentos do que considerava ser uma formação científica. Além de indicar que o estudo de uma ciência deveria acontecer segundo a seqüência de complexidade, ele discutia dois possíveis métodos de abordagem das ciências. O primeiro deles era o histórico, pelo qual se poderiam aprender os fundamentos de uma ciência a partir de sua própria evolução. Em oposição a este, apresentava o método dogmático, em que a ordem dos conteúdos da ciência rompia com a seqüência histórica e se articulava a partir de uma lógica didática. O segundo método foi apresentado como o melhor caminho a ser seguido, dado o caráter de complexidade que as ciências vinham atingindo naquela época.

Comte chegou a dizer que um geômetra da Antigüidade aprendia sua ciência lendo os autores do passado, mas que, em pleno século XIX, isso não era mais possível. Essa linha de pensamento influenciou de forma intensa a nascente formação científica, pois incentivou a deixar-se de lado a leitura dos fundadores da ciência, que muitas vezes utilizavam conceitos metafísicos, em prol da utilização de livros didáticos. Essa é uma herança legada pelos positivistas às gerações seguintes.

Mesmo hoje, um estudante de qualquer nível de ensino aprende os fundamentos das ciências naturais em livros didáticos organizados a partir de uma lógica estritamente dogmática, segundo aquela imaginada por Comte. Contrariamente aos estudantes de outras áreas, um jovem aprendiz poderá adquirir todos os fundamentos de sua ciência sem nunca ter lido uma palavra escrita pelos seus fundadores. O medo da contaminação metafísica na formação dos jovens cientistas fez com que, em sua formação, se jogasse fora toda a história do pensamento científico, em nome de uma educação mais instrumental das teorias científicas.

3

A CONSAGRAÇÃO DA NOVA QUÍMICA

✧ ✧ ✧

Alguns caminhos se encontram

No século XVIII, muitos filósofos naturais dedicaram-se ao estudo dos gases. Os motivos para isso foram muitos, e as conseqüências também. O ar atmosférico deixou de ser visto como um elemento simples. Nesse caminhar, um novo método de pesquisa, associado aos experimentos com medidas precisas, foi introduzido no laboratório químico. Na sua maior parte, as experiências passaram a ser vistas como meio de obter uma regularidade matemática capaz de explicar a combinação das diferentes substâncias manipuladas, quais as proporções de tais combinações e como elas variavam de uma situação para outra.

No início do século XIX, muitos químicos trabalhavam nesse sentido, com o propósito de estabelecer as propriedades físicas dos gases. William Henry, por exemplo, em 1803, determinou a existência de uma relação entre a pressão de um gás e sua solubilidade em água. Já o francês Louis Joseph Gay-Lussac (1778-1850) concluiu que todos os gases se combinavam por meio de razões volumétricas simples — ou seja, a razão dos volumes em reações gasosas teria sempre como resultado números inteiros.

Outro francês, Joseph Proust (1754-1826), com base em análises experimentais realizadas por ele e outros, enunciou uma lei para a combinação dos gases, pela qual estabelecia que todos os compostos químicos se limitavam a proporções definidas de seus constituintes. Distinguiu, dessa forma, os compostos, possuidores de proporções fixas, das misturas físicas, incluindo nelas ligas e vidros, que apresentavam proporções variáveis dos componentes.

Apesar de pautar seu trabalho em experimentos, Proust precisou confrontar suas conclusões com as de seu colega Claude-Louis Berthollet (1748-1822), que, junto com Laplace, formava um grupo de estudos que se reunia sistematicamente nos finais de semana em Arcueil, subúrbio ao sul da capital francesa, para discutir artigos a serem apresentados na Academia das Ciências de Paris às segundas-feiras. Dessas discussões participavam matemáticos, físicos, filósofos e químicos, como Gay-Lussac, Jean-Antoine Chaptal (1756-1832), Jean-Baptiste Biot (1774-1862), Étienne-Louis Malus (1775-1812), Louis-Jacques Thénard (1777-1857), Siméon-Denis Poisson (1781-1840), Pierre-Louis Dulong (1785-1838), além do naturalista prussiano Alexander von Humboldt (1769-1859). Os encontros do grupo tinham o claro propósito de construir uma ciência coesa, em que todos os estudos estivessem pautados no ideal newtoniano de explicar a natureza por meio de forças entre partículas constituintes do Universo.

A partir desse pressuposto, em 1803, em oposição a Proust, Berthollet postulou que a reação química ocorreria em duas fases. Na primeira, os compostos se decompunham; na segunda, novos compostos se formavam. Dessa forma, a reação não aparecia como algo absoluto, uma vez que não apenas a quantidade da substância colocada no experimento, mas também o tempo e a temperatura a que se expunha a reação poderiam modificar tanto as proporções participantes como o seu sentido. O sistema apresentado por Berthollet se opunha tanto à proposta de Proust quanto à tese de Gay-Lussac, segundo a qual os gases sempre se combinavam por meio de razões volumétricas simples. Aliás, este último químico, em alguns momentos, contrapunha-se ao grupo de Arcueil.

A comunicação entre os cientistas não era pequena. Naquele contexto, confrontos e debates tornavam-se bastante intensos. O conhecimento das relações gerava outros estudos experimentais e teóricos, permitindo a construção de novas formulações matemáticas. Assim, dois químicos, em momentos e locais diferentes, sem que um tenha se beneficiado das idéias do outro, estabeleceram uma lei fundamental para o desenvolvimento da teoria dos gases.

Um deles, o italiano Amedeo Avogadro (1776-1856), para explicar as forças físicas existentes no interior da matéria capazes de responder a situações como a dos gases em condições iguais de temperatura e pressão, que, independentemente de suas naturezas, se dilatavam ou contraíam de uma mesma quantidade, supôs que os gases eram constituídos por partículas colocadas a distâncias iguais. Essas partículas se afastariam ou se aproximariam de uma mesma quantidade sob iguais variações de temperatura e pressão. Assim, considerando existir uma razão simples entre o volume do gás e o número de partículas materiais que o compõe, pode-se presumir que todos os gases que possuem o mesmo volume, sob as mesmas condições de temperatura e pressão, contêm o mesmo número de partículas.

A tese de Avogadro, apresentada em 1811, como ele mesmo indicou, era uma extensão direta da lei de Gay-Lussac. Três anos depois, mas sem ter conhecimento daquelas conclusões, André-Marie Ampére (1775-1836), na França, defendeu, a partir de análises teóricas e experimentais, que o número das moléculas de um gás dependia apenas de seu estado físico. Essa conclusão, hoje também conhecida como lei de Avogadro-Ampère, encontrou resistências na época. Um dos fortes opositores foi John Dalton (1766-1844).

Átomo: uma idéia grega?

O químico inglês John Dalton desde cedo manifestou interesse por meteorologia. Essa dedicação levou-o a estudar o ar atmosférico e a investigar meticulosamente o comportamento e a composição dos gases. Seus resultados experimentais foram

✧ Dalton e a formação de substâncias compostas ✧

"Dois elementos, *A* e *B*, formam um composto, o resultado é um binário *AB*. Dois elementos, *A* e *B*, formam dois compostos, temos por resultado um binário (*AB*) e um ternário (A_2B ou AB_2)
Quando quatro combinações de dois elementos fossem obtidas, teríamos: um binário (*AB*), um ternário (A_2B ou AB_2) e um A_3B ou AB_3."

John Dalton, *Novo sistema da filosofia química*

interpretados à luz da teoria atômica newtoniana, em que o gás era percebido como um fluido elástico formado por pequenas partículas, ou átomos, que se atraíam e repeliam. Para Dalton, a diferença entre os átomos que compunham os gases estava não apenas em seus tamanhos e formas, mas também em seus pesos. Seguindo, ainda, os passos de Lavoisier, ele adotou a tese de que os elementos químicos eram corpos que não podiam ser decompostos, partículas indivisíveis com massa diferente de zero e responsáveis pela formação de toda e qualquer matéria. Postulou, ainda, que cada elemento químico possuía uma quantidade característica passível de ser medida, o peso atômico.

Dalton explorou as propriedades físicas dos gases e concluiu que, quando dois ou mais gases eram misturados, a pressão combinada seria o resultado da soma das pressões que cada gás apresentaria caso estivesse sozinho ocupando o mesmo volume da mistura. Ampliando a lei das proporções de Proust, reconheceu que todas as combinações químicas seriam originadas de átomo a átomo, sendo o átomo a unidade mínima de combinação.

Em seu trabalho *Novo sistema da filosofia química*, cuja primeira edição é de 1808, Dalton expôs completamente sua teoria atômica, argumentando que, a partir da massa de um composto, se estabelecia o peso relativo das partículas que o compunham; de posse dessa informação, deduzia-se o peso e o número de átomos que formavam outras combinações. Isso era possível, segundo Dalton, porque as combinações ocorriam de átomo a átomo, e da forma mais simples possível. Numa análise química, havia apenas a separação e reunião de partículas, sem que pudesse ocorrer qualquer destruição ou criação de matéria.

Para determinar o peso atômico dos elementos, Dalton recorreu a hipóteses sobre a formulação das substâncias compostas. Em seu livro, apresentou uma pequena tabela, em que expôs como deveriam ocorrer tais formulações.

A defesa de que cada átomo possuía um peso atômico característico permitiu que Dalton determinasse o peso atômico de 20 elementos. Todos os valores foram definidos em comparação com o hidrogênio, cujo valor do peso atômico foi estabelecido como a unidade, uma vez que ele era considerado o gás elementar mais leve. Os pesos atômicos de oxigênio, enxofre, fósforo, carbono e azoto foram determinados a partir de seus compostos hidrogenados, admitindo-se sempre que um átomo do hidrogênio se une a um átomo do outro elemento. No caso do elemento possuir várias combinações com o hidrogênio, como o carbono, estipulou-se o peso atômico a partir da combinação menos hidrogenada.

Para determinar o peso atômico do oxigênio, por exemplo, Dalton partiu de sua tese sobre a formulação da água, supondo-a um composto binário de oxigênio e hidrogênio, na proporção de 1 para 1. Essa hipótese, conjugada à sua análise a respeito da água, levou-o a admitir que a relação do peso de hidrogênio e oxigênio seria 1 para 7. Seguindo essa linha de raciocínio, estabeleceu o peso atômico dos 20 elementos.

Na teoria atômica de Dalton, os átomos estavam envoltos por uma atmosfera de calórico, cujo tamanho poderia ser determinado comparando o peso atômico dos elementos constituintes do gás e sua densidade. Como os átomos estavam arrumados de forma que a esfera do calórico de um átomo sempre tocava a de seu adjacente, o tamanho do átomo variava de elemento

✧ A linguagem de Dalton ✧

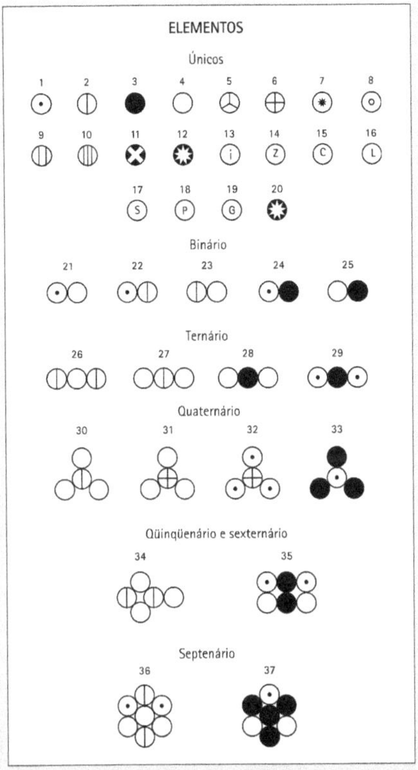

O esquema reproduz uma prancha do trabalho de Dalton, *Novo sistema da filosofia química*, que ilustrava os símbolos escolhidos para representar os diferentes elementos químicos. Nessa obra, ele propunha que todos os átomos possuiriam a forma esférica, e que, em seu interior, se encontrariam marcas capazes de distinguir os elementos. Por exemplo, para o hidrogênio, havia, no interior da esfera, um ponto.

para elemento, o que tornava sua hipótese incompatível com a de Avogadro.

Para consolidar sua rejeição à hipótese de Avogadro, Dalton recorreu a argumentos empíricos, encontrando caminhos nas análises das densidades de certos compostos. A substância que hoje conhecemos como monóxido de carbono (CO) apresentava densidade inferior à do oxigênio. Esse dado inviabilizava, segundo Dalton, a lei de Avogadro. Ora, essa substância, composta de átomos de carbono e oxigênio, deveria ser mais densa que o gás oxigênio, caso admitíssemos que volumes iguais das duas substâncias continham o mesmo número de moléculas. Seguindo esse raciocínio, era de se esperar que o vapor d'água fosse mais denso que o oxigênio. Porém, os dados experimentais de densidade mostravam o contrário, e forneciam condições a Dalton para admitir que havia um número menor de partículas de vapor d'água para um mesmo volume de oxigênio.

Para responder a esses e outros argumentos contrários à sua tese, Avogadro criou dois conceitos: molécula constituinte e molécula integrante. Esta última seria sempre formada de uma ou mais moléculas constituintes.

Avogadro acreditou ter resolvido a questão levantada por Dalton, que, por sua vez, reafirmou seus argumentos, defendendo, como muitos outros, que a tese de Avogadro só tinha coerência quando se recorria a muitas hipóteses *ad hoc*. A polêmica prosseguiu sem que um deles tivesse realmente saído vitorioso em sua época.

✧ MOLÉCULA CONSTITUINTE E MOLÉCULA INTEGRANTE ✧

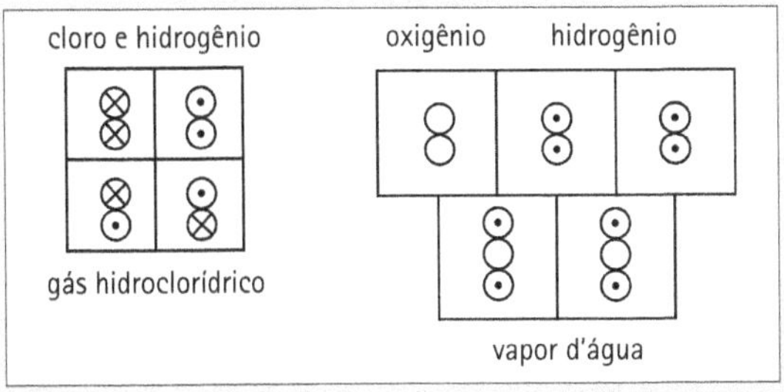

O esquema, proposto em 1833 por Marc-Antoine Gaudin, ilustra a distinção entre molécula constituinte e integrante. Nos esquemas, a primeira linha representa as moléculas constituintes (oxigênio, hidrogênio e cloro), enquanto a segunda, as moléculas integrantes (gás hidroclorídrico).

✧ HIPÓTESE *AD HOC* ✧

Uma hipótese *ad hoc* é aquela adotada com a única finalidade de salvar uma teoria de dificuldades ou da refutação, sem que haja qualquer motivo racional independente dessa finalidade.

4

A ELETROQUÍMICA E O ELETROMAGNETISMO

✧ ✧ ✧

Em 1800, um artefato, a pilha de Volta, mudou a história dos químicos*. A possibilidade de estabelecer uma corrente contínua deu grande impulso às pesquisas envolvendo análises químicas, ao mesmo tempo que fortaleceu a idéia, já defendida no século XVIII, de que as forças elétricas poderiam explicar os fenômenos químicos.

Dois anos antes do advento da pilha, Johann Ritter (1776-1810) mostrara que os metais poderiam ser classificados segundo determinada ordem, independentemente de se considerar suas facilidades de oxidação ou suas propriedades elétricas. Essa dupla possibilidade era para ele o indicativo de que a afinidade química estava diretamente vinculada à eletricidade.

A relação entre eletricidade e química tanto para Ritter quanto para alguns outros químicos era um caminho para se contrapor às teorias mecanicistas vigentes, que priorizavam as explicações sobre a constituição dos diferentes corpos — como as suas supostas partículas se relacionavam e como agiam para formar novos compostos.

---

* Para melhor compreender a história da construção da pilha de Volta e as idéias defendidas no século XVIII de que as forças elétricas seriam capazes de explicar fenômenos químicos, ver o volume 3 desta coleção, *Das Luzes ao sonho do doutor Frankenstein*.

Nem sempre, no processo de investigação científica, o filósofo natural tinha claro esse pressuposto filosófico. Muitas vezes seu trabalho fazia parte de uma estrutura maior, que abarcava a visão de mundo de seus companheiros. Podemos dizer, porém, que, para os que pensavam ser a mecânica o caminho de compreensão da natureza, essa linha de investigação era muito importante.

Por outro lado, para aqueles que se aproximavam da *Naturphilosophie*,* mais fundamentais eram as investigações como a de Ritter. Nessa conjuntura, as pesquisas ligadas à eletroquímica tiveram grande destaque, no início do século XIX. O inglês Humphry Davy (1778-1829), ao tomar conhecimento da pilha e de seu uso para decompor a água pelo método da eletrólise, se dedicou a realizar novos experimentos que elucidassem questões a respeito das reações químicas envolvidas.

Em 1801, Davy foi chamado a organizar os laboratórios da Royal Institution, em Londres, fundada há apenas três anos. Nesse instituto, desenvolveu trabalhos que marcaram a química e a física do início do século. Ele rejeitou a explicação da pilha dada por Volta, defendendo que a eletricidade produzida pelo artefato dependia apenas das reações químicas ali ocorridas. Nesse caminho, entendia que a eletrólise era um método eficaz de análise química. Lançando mão de técnicas produzidas por outros filósofos naturais para recolher os produtos da decomposição por eletrólise, Davy isolou vários elementos, como bário, estrôncio, cálcio e magnésio.

* Ver *Das Luzes ao sonho do doutor Frankenstein*, Capítulo 3.

A partir da idéia de que a condição elétrica de uma substância era capaz de alterar suas propriedades químicas, Davy propôs uma teoria elétrica da afinidade química. Ele se contrapunha às teorias baseadas nos trabalhos de Lavoisier, e investigações experimentais permitiram-lhe reforçar suas críticas ao concluir que o cloro era um elemento simples. Este era um forte argumento contra teoria que desejava substituir.

Todo trabalho de Lavoisier sobre ácidos pautava-se na tese de que o oxigênio era o princípio ativo deles — e o gás recebera inclusive esse nome por significar formador de ácido. O cloro, segundo essa teoria, seria composto por oxigênio e um elemento desconhecido. Agora, ao mostrar que o cloro era um elemento simples, Davy ganhava um ponto a favor de sua tese e contra a do químico francês. Outra questão fundamental contrária ao argumento de Lavoisier foi estabelecer que alguns alcalinos também continham oxigênio.

Essas duas constatações foram importantes. Afinal, para Davy, as propriedades químicas não eram apenas funções simples de seus componentes, mas também de seus arranjos relativos. Assim, o oxigênio não poderia ser visto como princípio formador dos ácidos nem dos alcalinos. Essa substância não deveria nem ser considerada o único elemento com o poder de manter a combustão, uma vez que o calor não derivava de uma substância específica, sendo, ao contrário, conseqüência de mudanças químicas violentas.

A respeito da constituição da matéria, Davy adotou a teoria das proporções definidas de Proust e afastou-se da proposta de Dalton. Para ele, a harmonia e a simplicidade encontradas na

✧ O calórico ✧

No século XVIII, Lavoisier criticou as teorias químicas vigentes na época. Construiu um trabalho que forneceu as bases para o nascimento de uma nova química. Nesse caminho, ele argumentava que o calor era uma substância chamada calórico. Com propriedades especiais essa substância encontrava-se em maior concentração nos corpos mais quentes. Assim, um corpo quente se esfriava em contato com outro, mais frio, por transferir àquele parte de seu calórico.

natureza implicavam a existência de poucas formas distintas de matéria. Excluiu de seus trabalhos o termo peso atômico, pois julgava que este carregava um certo pressuposto de realidade — para ele, inconveniente. Apesar disso, reconhecia que o estudo de Dalton relativo ao cálculo dos pesos equivalentes era muito importante.

Davy foi um químico que marcou a história de sua ciência. Seu trabalho influenciou de certa forma a trajetória de vários cientistas como André-Marie Ampère (1775-1836).

Na França da época de Ampère, pode-se reconhecer uma linha de pesquisa clara, iniciada pelo grupo de Arcueil, que se encontrava muito bem estabelecida e trabalhava sobre o sistema laplaciano.* Porém, alguns filósofos naturais como François Arago (1786-1853), Augustin Fresnel (1788-1827), Pierre-Louis Dulong (1785-1838), Marc-Antoine Petit (1760-1840) e Joseph Fourier (1768-1830), mesmo sem apresentar uma

* Sobre o sistema laplaciano ver *Das Luzes ao sonho do doutor Frankenstein*.

linha de pesquisa coesa como a primeira, questionavam aquele sistema, procurando compreender a natureza a partir das relações entre os diferentes fenômenos manifestos.

Para esse grupo, haveria um éter que, permeando todo o espaço e todos os corpos, possibilitava a manifestação de diferentes fenômenos. A partir de uma única causa, ou seja, o movimento e a vibração desse suposto meio, seria possível explicar os diferentes acontecimentos da natureza. Nesse grupo, Arago e Fresnel construíram críticas estruturais à teoria da luz como emissão de partículas; já Dulong e Petit manifestavam-se contra a tese do calor como partícula.

Ampère, que em muitos momentos de sua trajetória profissional trabalhou junto com esse segundo grupo, ficou motivado pelas conclusões de Humphry Davy. Em uma trajetória dedicada à química, ele construiu relevantes trabalhos referentes a gases e realizou experimentos que lhe permitiram concluir que o iodo era, assim como o cloro, um elemento simples. A identificação do cloro como elemento simples ocorreu na mesma época em que Davy questionava o fato de este ser um composto. No entanto, foi Davy quem ficou com os créditos no estabelecimento do cloro. A trajetória profissional de Ampère foi ainda afetada pelo conhecimento do trabalho do dinamarquês Hans Christian Oersted (1777-1851).

O nascimento do eletromagnetismo

No início do século XIX, a pilha chamou muita atenção à eletricidade, porém, o magnetismo, que parecia tratar de fenômenos totalmente distintos, mantinha-se marginal. Em 1820, essa história sofreu grande alteração com o anúncio de um novo experimento realizado por Hans Christian Oersted.

Oersted nasceu na Dinamarca e estudou com muito afinco literatura, ciência e filosofia. Em 1800, tomou conhecimento da pilha de Volta, passando a realizar experimentos com ela. De 1801 a 1803, em decorrência de uma bolsa de estudos, visitou a Alemanha, a Holanda e a França tornando-se amigo de expoentes críticos do mecanicismo, como Schelling e Ritter. Com base em seus estudos de filosofia e, particularmente, da *Naturphilosophie*, desenvolveu suas atividades científicas apoiando-se na idéia de que a natureza era um todo orgânico harmônico, dotado de uma alma ativa e geradora das forças naturais.

Antes de 1820, Oersted publicara trabalhos lidos em diferentes lugares da Europa. Ele buscara sempre mostrar que os fenômenos da natureza se relacionavam, sendo produzidos por um único princípio. Em 1806, por exemplo, publicou um artigo no *Journal de Physique* sobre a natureza elétrica da força química. Logo depois estabeleceu uma teoria química geral, de acordo com o princípio filosófico de que todos os fenômenos da natureza eram produzidos pelo mesmo poder original, a eletricidade.

Participante de todo um contexto de questionamento do mecanicismo, Oersted aprofundou seus estudos iniciais realizando experiências com o propósito de evidenciar relações entre eletricidade e magnetismo. Alguns de seus contemporâneos já defendiam a existência dessa relação. Por suas concepções teóricas a respeito das "forças da natureza", era considerado por esses parceiros um personagem importante para o desenvolvimento daqueles estudos. Assim, com freqüência recebia notícias dos experimentos e análises teóricas que buscavam explorar aquela relação. Sabia, por exemplo, que todas as tentativas de evidenciar um elo entre eletricidade e magnetismo por meio de ação eletrostática tinham sido infrutíferas.

Isso, aliado a outros fatores — como o conhecimento das experiências mostrando que a passagem de corrente elétrica num fio condutor fino provocava aquecimento e emissão de luz nesse fio —, fez com que ele construísse uma tese particular. Oersted supunha que o efeito magnético seria irradiado do fio condutor por onde circulava corrente elétrica, de forma análoga ao que presumia ocorrer com a luz e o calor.

Como fruto de um trabalho rigoroso e persistente, obteve sucesso ao observar que uma agulha imantada sofria deflexão quando colocada próxima de um fio por onde circulava corrente elétrica. Os resultados desse experimento foram publicados em 1820, num artigo intitulado "Experiências a respeito do efeito do conflito elétrico sobre a agulha magnética".

É comum encontrarmos livros que apresentam o experimento da agulha imantada como fruto do acaso. Afinal, Oersted obteve os resultados experimentais divulgados em 1820 enquanto ministrava uma aula. No entanto, aquele não foi o primeiro momento em que manipulara uma agulha próxima a um condutor. Já havia tentado detectar o movimento da agulha antes, e os resultados negativos não o desencorajaram. Ao contrário, pensava com insistência sobre as alterações que poderiam ser feitas no procedimento para detectar o movimento esperado. Assim, o sucesso daquela aula não era surpresa.

✧ O EXPERIMENTO DA AGULHA IMANTADA ✧

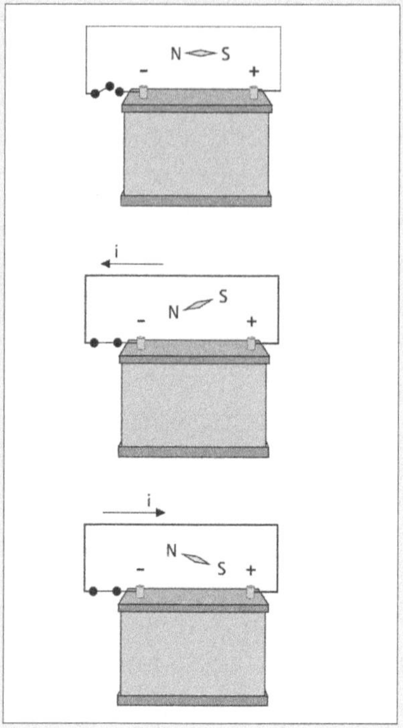

O esquema ilustra o experimento da agulha imantada de 1820. Oersted acreditava que a agulha deveria se movimentar próxima a um fio condutor, porém não tinha uma percepção clara de como a força magnética ali se manifestaria. Por isso, precisou insistir no experimento. Sua dedicação mostrou um fenômeno totalmente novo e inesperado para a grande maioria dos cientistas. O experimento trazia muitas outras questões, abrindo um novo campo de pesquisa.

No artigo de 1820, Oersted teve a preocupação de apresentar o movimento da agulha imantada na presença de um fio condutor por onde circulava corrente elétrica como um fenômeno novo, sem qualquer ligação com os supostos efeitos eletrostáticos de atração ou repulsão. Aliás, os termos "atração" e "repulsão" não foram usados em momento algum nas descrições das experiências. Oersted afirmava que o conflito "levava" o pólo da agulha imantada para leste ou para oeste, ou simplesmente defendia que tal conflito "desviava" a agulha.

Apesar da satisfação de Oersted, aquela experiência evidenciou um novo aspecto, mas não conseguiu derrubar a tese de que os fenômenos naturais poderiam ser compreendidos a partir da idéia de que a natureza era um conjunto de corpúsculos ou fluidos inertes, com forças atuantes entre eles. Alguns filósofos naturais ligados à filosofia mecanicista construíram leis matemáticas e teóricas capazes de analisar o experimento baseando-se na ação a distância entre supostos fluidos elétricos e magnéticos. A mais popular hipótese alternativa à explicação de Oersted — a de uma temporária magnetização das partículas do fio condutor — foi fornecida pelo físico francês Jean-Baptiste Biot (1774-1862), integrante da Sociedade de Arcueil.

Biot era mecanicista e rejeitava a idéia de unidade da natureza nos moldes defendidos por Oersted. Ele argumentava que o elo entre os fenômenos era o fato de que todos podiam ser explicados por meio de forças de atração e repulsão entre partículas ou fluidos materiais distintos. A partir de sua visão de mundo, construiu uma interpretação muito diferente da de Oersted para o experimento da agulha imantada.

Para ele, o movimento da agulha não poderia ser diretamente provocado pela corrente elétrica. Argumentava a seu favor com o fato de que Coulomb provara que eletricidade e magnetismo eram independentes, ou seja, os efeitos elétricos seriam provocados exclusivamente por fluidos elétricos, enquanto os magnéticos seriam produzidos por partículas magnéticas. A partir dessa idéia, declarou que a corrente elétrica, ao passar por um condutor, impunha às partículas ali presentes propriedades magnéticas. Era como se as partículas se transformassem em pequenos ímãs. Assim, eram elas, e não as correntes elétricas, que provocavam a atração magnética.

Analisando essa teoria, pode-se argumentar que Biot não resolvera o problema. Afinal, era a corrente elétrica passando pelo fio que causava a magnetização de suas partículas, e, portanto, indiretamente, era ela a causadora da deflexão da agulha imantada. A experiência de Oersted realmente evidenciara uma relação entre eletricidade e magnetismo que Biot não podia negar. Mesmo assim, este alegou que sua teoria situava o movimento da agulha imantada no interior de uma explicação mecanicista. Isso porque, com ela, estava preservado o princípio geral daquela explicação, ou seja: os efeitos magnéticos, como o movimento de agulhas imantadas, só seriam provocados por forças originadas por partículas magnéticas que agiam a distância e sem qualquer interferência do espaço entre elas.

Além de explicar fisicamente o fenômeno evidenciado por Oersted, Biot buscou representar em fórmulas matemáticas as grandezas físicas ali envolvidas. Para um físico como ele, era inadmissível a ausência de relações matemáticas. Teorias e experimentos não bastavam. Por isso, com o físico Felix Savart (1791-1841), empenhou-se na elaboração de uma expressão que permitisse determinar a intensidade da força magnética sobre uma agulha imantada produzida em situações como aquela do experimento. Biot obteve muito sucesso em seu empreendimento. O experimento de Oersted incomodou físicos como Biot, porém serviu de estímulo a outros, como Ampère.

O experimento da agulha imantada precisa ser ampliado

O experimento de Oersted foi exposto na Academia de Ciências de Paris em 4 e 10 de setembro de 1820, por François Arago. Ampère assistiu a essas apresentações. Ele, que até então dedicara pouca atenção àqueles temas, se entusiasmou com a eletricidade e percebeu que Oersted indicara um novo caminho científico a seguir. Não havia dúvidas, para Ampère, de que, explorando o fenômeno da agulha imantada, novas evidências se revelariam.

No período de 5 a 17 de setembro, realizou diversos experimentos que lhe permitiram mostrar, entre outras coisas, que quando o condutor encontrava-se fixo, a agulha imantada se posicionava sempre a 90° da direção por onde circulava a corrente elétrica. Esse fato o levou à construção de um aparelho capaz de detectar a presença da corrente elétrica num fio condutor: o galvanômetro. Esse instrumento representou um avanço muito importante para o eletromagnetismo. Até aquela época, a corrente elétrica era investigada pela colocação de algo estranho ao circuito original, como um líquido ou um tecido animal. Esse procedimento afetava a corrente elétrica que se queria estudar. O novo instrumento resolvia o problema ao realizar a medida sem interferir no sistema.

Ampère era contemporâneo de Biot, e ambos viviam na França, num ambiente de forte presença do mecanicismo materialista. Mas esse fato não os levou a seguir o mesmo caminho. Eles tiveram comportamentos diferentes perante os fatos mostrados por Oersted. Biot ficou incomodado, e Ampère, ao contrário, se sentiu motivado a trabalhar no assunto, ampliando suas possibilidades. Por que essa diferença de posição? Por que tanto entusiasmo por parte de Ampère com relação ao experimento da agulha imantada?

Embora a maioria dos trabalhos de Ampère em química fossem anteriores a 1820, eles formam, com os posteriores, um conjunto sólido, no qual se explicita uma visão de natureza e de ciência.

Durante o período de 1808 a 1820, Ampère viveu num contexto em que o grupo de Arago apresentava possibilidades reais de trabalho distantes da proposta mecanicista. Os contatos de Ampère com trabalhos científicos realizados fora da estrutura mecanicista não ficaram restritos àqueles desenvolvidos no território francês. Mesmo antes de 1820, ele conhecera os artigos em que Oersted defendera a tese de que todos os fenômenos da natureza estavam diretamente relacionados, e que a eletricidade se apresentava como um fenômeno paradigmático, em relação ao qual poderiam ser compreendidos a afinidade química, os fenômenos térmicos, ópticos e magnéticos. Esses trabalhos mostravam que aquele filósofo natural trabalhava numa perspectiva afastada do pressuposto mecanicista materialista. Assim, o experimento da agulha imantada mostrou-lhe outra possibilidade de corroborar com dados experimentais a linha de trabalho do grupo de Arago.

Ampère realizou vários experimentos para explorar os fenômenos eletromagnéticos, que o levaram a igualar as situações do fio condutor, da pilha e do líquido onde a eletrólise se estabelecia. Essa era uma idéia em total desacordo com a teoria defendida por Biot, na qual a eletricidade produzida pela pilha era vista como decorrência da separação de fluidos elétricos supostamente existentes em seu interior. A eletrólise, por sua vez, era explicada a partir da idéia de que a decomposição observada derivava de forças eletrostáticas opostas, estabelecidas nas extremidades dos dois fios condutores imersos no líquido, que, por ação a distância, atraíam diferentes partículas.

Ampère teve cuidado de criar bases sólidas para combater a teoria eletrostática da pilha. Nesse processo, partiu da hipótese inicial de que a corrente elétrica que circulava no fio também era estabelecida no interior da pilha, descrevendo qual o aspecto da força magnética proveniente de uma corrente elétrica circular. Ampliando a análise, afirmou que entre a corrente elétrica e a agulha imantada havia uma relação intrínseca de causa e efeito, ou seja, sempre que uma deflexão da agulha imantada fosse detectada, podia-se garantir a existência de correntes elétricas circulares.

Tomando essa relação de causa e efeito, Ampère analisou a deflexão de uma agulha imantada na presença da ação magnética da Terra, e a ação entre dois ímãs permanentes. Para o primeiro caso, argumentou que a orientação da bússola para a direção observada indicava que havia correntes elétricas na Terra formando um cinturão na região do equador. Tais correntes seriam também as principais responsáveis pelo próprio movimento do nosso planeta.

A segunda situação foi analisada considerando-se que a atração e a repulsão entre ímãs permanentes ocorriam porque em seu interior existiam correntes elétricas circulares. Essas correntes estariam posicionadas em relação ao eixo central do ímã, ou seja, aquele que ligava o pólo norte ao pólo sul. Essa explicação a respeito da causa geradora dos efeitos magnéticos esteve constantemente presente nos trabalhos de Ampère, levando-o à realização de diferentes experimentos.

No século XIX, a unificação da física celeste e terrestre já se encontrava estabelecida. Assim, a consideração da existência de correntes elétricas no interior da Terra deveria ser extrapolada para os outros corpos celestes, de modo a tornar coerente a teoria. Isso impulsionou Ampère a ampliar suas análises, defendendo que os corpos celestes opacos se apresentavam dessa forma graças à baixa energia das correntes ali estabelecidas; portanto, a existência de correntes elétricas mais ativas seria a causa do calor e da luz dos corpos celestes luminosos.

Ampère é muito lembrado pelos que estudam o eletromagnetismo como o físico que mostrou que dois fios condutores lineares poderiam se atrair ou repelir em função do sentido da corrente elétrica neles estabelecida. Esse resultado experimental foi obtido pela primeira vez por acaso. Ampère apresentava um experimento na Academia quando observou o fato. Num primeiro momento, não deu muita importância a ele. Porém, depois de explorar melhor a situação, utilizou-a para explicar alguns fracassos experimentais de sua teoria.

Em suas investigações, realizou análises quantitativas que lhe permitiram construir uma expressão matemática para calcular a intensidade da força magnética entre duas correntes elétricas infinitesimais. Essa expressão guarda semelhança com aquela elaborada por Biot e Savart. Uma pode ser reduzida à outra.

A teoria a respeito da causa única dos diferentes efeitos magnéticos foi o tema central de muitos trabalhos de Ampère. Os caminhos que seguiu para defendê-la foram vários: usou argumentos lógicos, construiu experimentos, analisou situações investigadas por outros cientistas, enfim, trabalhou com o forte propósito de mostrar a seus pares a veracidade de sua argumentação.

A construção da ciência nas três primeiras décadas do século XIX esteve de certa forma marcada pelo debate entre os defensores e os opositores da filosofia mecanicista. A *Naturphilosophie* trouxe para aquele ambiente um olhar em direção à natureza que ultrapassava a especulação filosófica, pois levou a que se realizassem experimentos e se formulassem teorias frutíferas naquele contexto.

Muitos cientistas se posicionaram radicalmente a favor de um ou outro grupo. Outros trabalharam combinando preceitos das duas concepções. Ampère, por exemplo, não rejeitou completamente a visão de natureza orgânica criada pelos opositores do mecanicismo, mas não deve ser considerado um adepto irrestrito dessa corrente filosófica. O que se pode afirmar é que sua história reflete um contexto de disputa filosófica à qual não pôde passar impune. Aliás, o desenvolvimento do eletromagnetismo foi marcado por disputas filosóficas, por controvérsias, e desnuda um processo de construção científica repleto de idas e vindas.

A natureza da luz

A história do eletromagnetismo esbarra em vários momentos com a história da óptica. No início do século XIX, vários fenômenos ópticos já eram conhecidos. Além disso, instrumentos ópticos como telescópios e microscópios eram constantemente usados e forneciam novos dados sobre o universo macro e microscópico. Na época, as explicações referentes à luz consideravam-na composta de pequenas partículas.

A hegemonia dessa concepção se estabeleceu no início do século XVIII, quando Isaac Newton publicou o livro *Óptica* e considerou a luz constituída de corpúsculos. Outro cientista da época, Christian Huygens (1629-95), escrevera um trabalho no

✧ Experiência de Young ✧

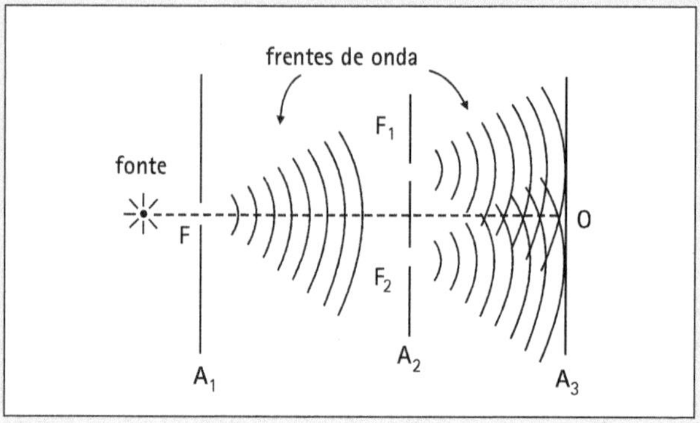

Em sua experiência, Young fazia a luz proveniente de uma fonte passar simultaneamente por dois orifícios e depois ser captada sobre uma tela. Na figura podemos ver linhas claras e escuras que se alternam, representando interferências construtivas e destrutivas, respectivamente. Esse fenômeno só poderia acontecer com a luz se ela fosse considerada uma onda, pois não se acreditava que partículas sofressem interferência. Mesmo assim, a hipótese ondulatória ainda não foi considerada verdadeira, sendo necessárias novas contribuições para que essa visão sobre o fenômeno ondulatório passasse a ser aceita sem restrições.

qual defendia que a luz era um fenômeno ondulatório. Apesar da clareza de suas defesas, as teses de Huygens não tiveram grande repercussão ao longo do século XVIII. Destino similar obteve Thomas Young (1773-1829). Os trabalhos que realizou entre 1801 e 1803 a respeito da interferência luminosa e sua interpretação ondulatória não foram suficientes para que se questionasse a explicação corpuscular.

Nem tudo são partículas em movimento?

A situação sofreu grande mudança ao longo do século XIX. A ascensão da teoria ondulatória no contexto francês e britânico parece ter razões bem distintas. Na Grã-Bretanha, esteve ligada a mudanças metodológicas nas quais as experiências de Young, ainda que não tenham sido decisivas, contribuíram para uma nova interpretação sobre a luz. Já na França, a consideração dessa hipótese pode ser atribuída ao grupo opositor dos cientistas mecanicista.

Agustin Fresnel (1788-1827) foi um cientista francês que teve forte participação nessa história. Ele trabalhara com Ampère na construção de experimentos para ampliar as análises de Oersted. Integrando esse grupo, desenvolveu seus próprios trabalhos e não compartilhava da visão mecanicista tão cara aos laplacianos franceses. Em sua formação na Escola Politécnica de Paris, entre 1804 e 1806, realizou estudos de óptica ligados a uma física mais teórica. Entretanto, quando se transferiu para a Escola de Pontes e Ruas, seus trabalhos passaram a ter característica mais experimental.

Já nas primeiras teorias a respeito da luz, Fresnel deixava explicitada sua formação científica. Ele defendia a existência de uma relação entre a teoria do calórico e da luz, de forma a pensar que ambos eram transmitidos pela vibração de um fluido particular. Rejeitava a hipótese corpuscular newtoniana, argumentando que, para aceitá-la, seria preciso admitir que o Sol emitia diferentes partículas de luz com velocidades diversificadas. Assim, quando a luz sofresse uma mudança de meio, ou seja, uma refração, as partículas estariam submetidas a diferentes forças, produzindo distintos desvios. Como as observações indicavam desvio uniforme, a natureza da luz não deveria ser corpuscular.

Ele não estava sozinho em suas críticas às concepções corpusculares da luz. Arago desenvolveu trabalhos em óptica que contribuíram para a constituição de uma nova teoria, ao estabelecer que a velocidade da luz vinda do Sol era igual à proveniente das estrelas. Entre 1815 e 1821, ele e Fresnel, juntos, atuando a partir de seus trabalhos experimentais e de sua formulação teórica, transformaram a teoria ondulatória em idéia dominante.

Os defensores da concepção corpuscular levantaram objeções, dizendo que, se fosse uma onda, a luz deveria se comportar como o som, e, portanto, não poderia ser bloqueada por obstáculos. Fresnel rebatia as críticas afirmando não ser possível comparar o som à luz, pois o primeiro era a vibração do ar, um fluido ponderável, enquanto a segunda era a vibração do calórico, fluido imponderável. Em um artigo de 1816, Fresnel, por influência de Arago, não citou o calórico ou a identidade entre calor e luz. Em lugar disso, referiu-se a um fluido sutil, o éter.

Polarização e transversalidade da luz

Em 1678, Huygens observara o fenômeno de polarização da luz. Ele consiste em selecionar alguma direção de oscilação de uma onda. Diferenças no comportamento da luz polarizada levaram Fresnel a supor a transversalidade da luz. Young já levantara essa hipótese, mas não aceitara a realidade física dessa característica, deixando de lado a idéia.

✧ O FENÔMENO DA POLARIZAÇÃO DA LUZ ✧

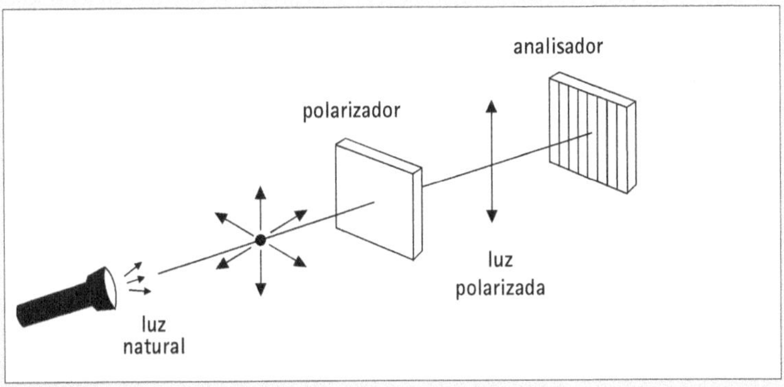

Se fizermos uma corda, que esticamos com a mão, oscilar aleatoriamente em qualquer direção, movimentando a mão sem regularidade alguma, teremos uma onda não polarizada. Se colocarmos um obstáculo com uma abertura que permita apenas a passagem de oscilações verticais, por exemplo, teremos uma onda polarizada. Com a luz acontece a mesma coisa. Se impusermos a uma onda luminosa uma oscilação em determinada direção, teremos a polarização.

As conclusões de Fresnel não foram bem aceitas por Arago. As divergências levaram Fresnel a apresentar um modelo para o éter no qual apenas defendia que este era composto de partículas materiais separadas por espaços vazios. Comparando-o a um sólido, reafirmava sua hipótese de que a luz era uma onda transversal.

Fresnel acreditava ser fundamental para o avanço da óptica a discussão sobre a natureza da luz. Já Arago defendia que bastava construir leis fenomenológicas para explicar os fenômenos luminosos. Os conflitos acabaram por separar esses dois cientistas.

A hipótese ondulatória ganhou mais um ponto a seu favor quando, em 1850, Léon Foucault (1819-68) e Fizeau (1819-96) mediram a velocidade da luz em meios diferentes e verificaram que ela era mais veloz nos meios menos densos. Esse fato contrariava as previsões da teoria corpuscular, que, partindo da idéia de atração entre as partículas da luz e do meio onde ela se propagava, afirmava ser ela mais rápida em meios mais densos.

5

ENERGIA

✧ ✧ ✧

Os primórdios da conservação de energia

O século XVIII foi fortemente influenciado pela mecânica de Newton. Não só as ciências, mas toda a cultura sofreu os impactos do poder explicativo que a obra newtoniana representou para a compreensão do Universo. O grande sucesso da lei da gravitação universal, estabelecendo que a interação entre a matéria é inversamente proporcional ao quadrado da distância, criou uma visão mecanicista na qual não só eram abordados os fenômenos relativos ao cosmo, mas também os fenômenos microscópicos, elétricos, químicos etc.

Tal perspectiva, embora bastante abrangente e frutífera, começava a ser insuficiente para explicar novos fenômenos que passaram a ser percebidos no final do século XVIII e início do XIX, tais como afinidades químicas, ações moleculares, eletromagnetismo, efeitos termoelétricos e outros.

Além dessas questões específicas de cada área de investigação, havia outras, mais gerais, como a crítica da filosofia natural romântica, a *Naturphilosophie*, à visão limitada da abordagem mecânica da natureza, que acarretara a busca de novas explicações para os fenômenos naturais. Os adeptos da *Naturphilosophie* acreditavam que deveria haver um princípio unificador que abarcasse distintas manifestações da natureza, e a atração gravitacional não seria a chave para desvendar as ligações entre esses diferentes fenômenos.

A conversão de eletricidade em calor, luz, movimento, efeitos químicos etc. impulsionou a busca pelo estabelecimento de um conceito que fornecesse a explicação para esses fenômenos. Os filósofos naturais do século XVIII e principalmente do século XIX acreditavam que havia algo subjacente a todos eles, e tentaram associar uma grandeza física a esse aspecto unificador.

Pela primeira vez, ao longo dos séculos XVIII e XIX, a resposta não veio da obra newtoniana, mas das idéias daquele que fora seu eterno opositor, Leibniz. A concepção de Deus implícita nas obras de Newton e Leibniz tem grande importância sob esse aspecto.

Por acreditar que Deus estava presente no Universo, e que o espaço absoluto seria o seu *sensorium* (sentido), Newton não necessitava da conservação de grandeza alguma para que sua máquina do mundo funcionasse para todo sempre. Deus poderia intervir a todo momento para "corrigir" qualquer mau funcionamento. Na edição do *Optica* em latim, de 1706, Newton dizia que o mundo tendia à dissolução, e que por isso necessitaria de reformas constantes por parte do Criador. Todas as idéias newtonianas a respeito da criação dos planetas e da intervenção divina na natureza levam a supor que Newton não pensava no princípio de conservação de algo ligado ao movimento. Ele afirmava que havia um constante desgaste do Universo. A máquina do mundo precisava sempre ser impulsionada.

✧ A máquina sempre acionada por Deus ✧

"O movimento é mais propenso a se perder que a se acumular, e está sempre em declínio. ... Considerando, portanto, que a variedade de movimento que encontramos no mundo está sempre decrescendo, há necessidade de conservá-lo e supri-lo novamente por princípios ativos."

Newton, *Optica*

Leibniz atribuía a Deus, o artífice do Universo, o papel de engenheiro. Ele produzira uma máquina, e não mais interferira em seu funcionamento, pois criara o "melhor dos mundos possíveis".* Nessa concepção, alguma grandeza deveria se conservar no movimento dos corpos, pois, se isso não ocorresse, o Universo tenderia à imobilidade e demonstraria a falibilidade divina — o que era impossível para um ser onipotente.

Desde Descartes já se vinha pensando nessa idéia de conservação do movimento. Para o filósofo francês, o que se conservava era o produto da massa pelo módulo da velocidade ($m \times |V|$). Embora ele ainda não pensasse os conceitos de força, massa e velocidade da forma como foram posteriormente estabelecidos por Newton. Leibniz introduziu um novo conceito, denominado *vis viva*. Há muito se sabia que, quando dois corpos de mesma massa caem de alturas diferentes, eles chegam ao solo com

* Ver *Das Luzes ao sonho do doutor Frankenstein*, Capítulo 4.

velocidades diferentes. Entretanto, se um desses corpos cair de uma altura quatro vezes maior que a do outro, sua velocidade ao chegar ao chão é apenas duas vezes maior que a do outro. Leinbiz não concordava com Descartes quando este afirmava que a conservação se devia à quantidade de movimento. A *vis viva* de Leibniz foi proposta como o produto da massa pelo quadrado da velocidade ($m \times v^2$).

O pensamento de Leibniz foi fundamental para a construção de uma visão mecanicista da natureza, pois sua idéia de conservação indicava que o Universo não era imperfeito e não tendia ao repouso; pelo contrário, conservaria algo em seu movimento que seria eterno. As duas concepções de conservação — a quantidade de movimento e da *vis viva* — perduraram nos debates ao longo do século XVIII. Somente muitos anos depois, mas com algumas correções, percebeu-se que ambas expressariam princípios de conservação diferentes: um ligado ao tempo (impulso), e outro, à variação de posição (trabalho).

Ao longo do século XIX, com a revolução introduzida na sociedade pelo advento das máquinas térmicas, que transformaram calor em movimento — e por todas as conversões produzidas no final do século XVIII e início do XIX —, a idéia de Leibniz de que algo no movimento se conservava foi extrapolada para todos os fenômenos da natureza, desembocando na formulação do princípio de conservação da energia. O conceito de energia passou a ser fundamental na mecânica e na ciência em geral, unindo diferentes manifestações da natureza.

Essa dimensão para a energia baseava-se nos trabalhos de William Rankine (1820-72), publicados entre 1852 e 1855, nos quais ele afirmava que o termo "energia" deveria ser usado para explicar movimento, trabalho, ação química, calor, luz, eletricidade, magnetismo e outras manifestações conhecidas ou não. Juntamente com outros cientistas do final do século XIX, Rankine estabeleceu uma nova concepção para a análise dos fenômenos naturais, o "energetismo".

Ao contrário da visão mecanicista, segundo a qual a natureza era explicada pela ação de forças atuando entre partículas, o energetismo estabelecia que as transformações da natureza sempre poderiam ser explicadas matematicamente por um princípio de conservação de algo que foi denominado energia. Os adeptos do energetismo dialogaram de forma especial com as correntes positivistas, pois o princípio da conservação da energia procurava descrever as transformações do ponto de vista matemático, sem se preocupar com a busca de essências na natureza.

Do calórico ao calor

Nos últimos anos do século XVIII, o aquecimento dos corpos era explicado por duas teorias conflitantes. A primeira sustentava que ele era produzido pela agitação de partículas constituintes dos corpos. A segunda, que este provinha de um fluido, denominado calórico, que tinha a capacidade de penetrar nos corpos, elevando sua temperatura.

Em 1798, o engenheiro militar inglês Benjamin Thomson (1753-1814), também conhecido como conde Rumford, contestou a idéia do calórico ao analisar a perfuração de canhões no arsenal de Munique. Trabalhando na fabricação desses armamentos, ele analisou o método de construção das bocas. Para produzi-las, perfurava-se uma peça de metal com uma broca. Embora a peça perdesse massa durante a perfuração, sua temperatura aumentava. Como poderia ter ganhado calórico e perdido massa ao mesmo tempo? Como o calórico ficaria acumulado na peça? Rumford interpretou a situação considerando que o calor fora gerado pelo movimento da broca, ou melhor, pelo atrito entre esta e o canhão. Nenhum calórico se transferira no processo.

Esse argumento foi contestado pelos defensores da teoria do calórico, pois, segundo eles, esse fluido era uma substância imponderável, por isso não haveria contradição alguma entre os resultados da experiência de Rumford e a teoria que defendiam. Rumford tocara no cerne da teoria material do calor ao argumentar que a explicação de seus experimentos a partir do calórico significava considerar essa substância que era espremida para fora do corpo, ilimitada. Isso não poderia ser aceito, visto que uma substância, ainda que imponderável, não poderia ser ilimitada. Assim, a teoria do calórico passou a ter cada vez menos adeptos, e a variação de temperatura começou a ser entendida de outra forma, como vibração de partículas. O calor passou a ser considerado também uma forma de energia.

Ao longo do século XIX, muitos cientistas trabalharam com os conceitos de energia e sua conservação. Os estudos sobre esse tema, que se encontravam dispersos no século anterior, passaram a apresentar uma conexão entre campos aparentemente distintos. Até o final da década de 1830, alguns filósofos naturais, entre eles Gustave Coriolis (1792-1843) e Jean Poncelet (1788-1867), haviam formulado o conceito de trabalho mecânico como o entendemos hoje: o produto da força pelo deslocamento.

A *vis viva* de Leibniz, que era mv^2, foi reformulada para $mv^2/2$, e se estabeleceu sua relação com a medida do trabalho. Foi Coriolis o primeiro a insistir em tal equação para que a *vis viva* fosse numericamente igual ao trabalho. Boa parte dessas considerações veio do estudo das máquinas que passaram a povoar o ambiente e o imaginário dos europeus do final do século XVIII e início do XIX.

Entretanto, estudos relacionados à respiração, ao calor animal e sua função nos organismos vivos também atraíram a atenção de outros pesquisadores para o tema da energia. O médico alemão Julius Robert von Mayer (1814-78) fez alguns experimentos quando trabalhava em um navio holandês, em 1840. Ao realizar exames nos tripulantes, percebeu que a cor do sangue se alterava da Europa para a África. Nos trópicos, o sangue venoso apresentava uma coloração mais avermelhada que na Europa. O problema com o qual Mayer passou a se defrontar era explicar essa diferença na cor do sangue de uma mesma pessoa simplesmente quando ela se deslocava para lugares com climas bem diferentes.

Segundo Mayer, o corpo humano poderia produzir calor de duas maneiras: o corporal e o produzido mecanicamente, por meio de atrito. A soma desses "calores" era igual ao calor gerado pela oxidação dos alimentos no ser vivo. O calor produzido mecanicamente pelo organismo manteria uma relação quantitativa invariável com o trabalho gasto nessa produção. Mayer extrapolou isso para qualquer processo da natureza e concluiu que o calor produzido por uma ação mecânica é proporcional ao trabalho empregado. A diferença entre a cor do sangue venoso e arterial se devia à quantidade de oxigênio e gás carbônico.

Mayer chegou mesmo a estabelecer um equivalente mecânico para o calor, ou seja, determinou um valor numérico para a relação entre energia mecânica e calor. Em 1850, James

✧ O equivalente mecânico do calor ✧

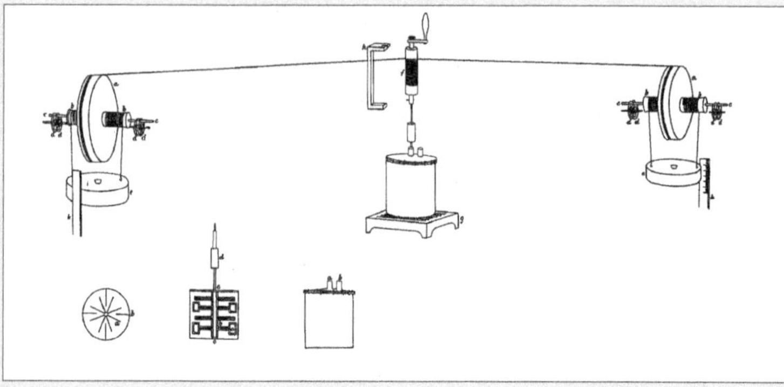

Mayer tentara estabelecer a relação entre trabalho mecânico e calor fornecido a um corpo, o equivalente mecânico do calor, chegando a determinar um valor. Em unidades atuais, em homenagem a Joule, seu valor foi de 1cal = 3,6J (cal é caloria; J é Joule). Somente em 1850, Joule conseguiu um valor com grande grau de precisão: 1 cal = 4,18 J.

Para estabelecer esse valor, Joule realizou um experimento em que deixava cair um corpo várias vezes de uma altura determinada. Usando-se um fio, a queda desse corpo fazia movimentar paletas que estavam imersas em água. Com um termômetro, Joule media a variação de temperatura sofrida pela água. Com os dados obtidos, ele estabeleceu o equivalente mecânico do calor, ou seja, a quantidade de energia mecânica que se transformava em calor.

Prescott Joule (1818-89) fez a primeira verificação experimental satisfatória para essa equivalência.

A *Naturphilosophie* contribuiu bastante para o desenvolvimento do princípio de conservação de energia, uma vez que os filósofos naturais românticos procuravam um princípio unificador para entender a natureza. Schelling, um dos principais filósofos desse movimento, afirmou, em 1799, antes mesmo da invenção da pilha, que uma "força" única se manifestava de várias formas diferentes, como luz e eletricidade, e em diversos fenômenos da natureza.

Com o estabelecimento das interligações entre calor e trabalho mecânico, surgiu um novo campo de pesquisa, a termodinâmica. As máquinas a vapor — que já funcionavam desde o século XVIII, mas não tinham uma explicação científica que possibilitasse explorar todo o seu potencial — passaram a ser compreendidas em termos de fluxo de energia entre duas fontes térmicas a temperaturas diferentes. O desenvolvimento da termodinâmica, bem como o estudo do comportamento dos gases, trouxe mudanças significativas para a compreensão da natureza.

O conhecimento da termodinâmica introduziu importantes transformações na forma de abordar e explicar fenômenos associados ao calor, entendido como uma forma de energia. Não era mais possível analisar uma a uma as partículas envolvidas nas transformações gasosas responsáveis pelo funcionamento de uma máquina térmica, pois para cada $1 cm^3$ de substância há aproximadamente 10^{23} moléculas. Dessa forma, era impossível falar da velocidade de cada molécula ou das forças de interação entre elas. Assim, adotaram-se parâmetros macroscópicos e estatísticos para estudar um sistema termodinâmico.

A introdução desse novo componente na física fez com que o determinismo, construído desde os primórdios da revolução científica do século XVII, começasse a ceder lugar a estudos probabilísticos, nos quais as características individuais de cada partícula não seriam mais definidas de forma unívoca: para um gás, não podemos falar da interação de cada molécula que o constitui, mas sim do comportamento de todo o sistema.

A irreversibilidade

Em 1824, Sadi Carnot (1796-1832), no livro *Reflexões sobre a potência motriz do fogo*, explicou o funcionamento das máquinas térmicas e estabeleceu o conceito de ciclos reversíveis, determinando o rendimento máximo que uma máquina térmica poderia atingir funcionando entre duas fontes a temperaturas diferentes. O ciclo de Carnot, como ficou conhecido, uniu duas universalidades do século XIX: a conservação de energia e a propagação do calor.

A análise do rendimento das máquinas térmicas introduziu na ciência a idéia da irreversibilidade. Embora os processos de conversão de energia impliquem sua conservação, percebeu-se que os processos termodinâmicos, ao contrário de alguns processos mecânicos, não eram reversíveis no tempo. As equações do movimento de Newton eram perfeitamente reversíveis no tempo, mas o mesmo não se aplicava às trocas energéticas que sempre produzem uma forma, digamos, preferencial de energia: a térmica.

Em 1850, Rudolf Clausius (1822-88) estabeleceu dois princípios fundamentais para a termodinâmica: a equivalência entre trabalho e calor, e a explicação da geração de trabalho mecânico a partir do calor em processos cíclicos. Esses dois princípios transformaram-se nas duas leis da termodinâmica que tratam da conservação da energia e de sua dissipação.

William Thomson (1824-1907), também conhecido como Lord Kelvin, tratou da noção de dissipação de energia, em 1852, a partir de uma implicação mais ampla para a compreensão da natureza. O trabalho mecânico inexoravelmente se degrada em calor, mas o contrário é impossível. Assim, Thomson construiu uma nova cosmologia, tendo como sustentação a irreversibilidade. O Universo tende, numa seqüência de estados de equilíbrio, para um estado final de equilíbrio térmico em que as trocas energéticas cessarão, provocando sua morte térmica.

O segundo princípio da termodinâmica colocou outro problema sobre a compreensão da natureza, o da seta do tempo, e fez surgir o conceito de entropia. A palavra entropia vem do grego e quer dizer "transformação". Está associada a um estado de equilíbrio termodinâmico. O conceito foi proposto por Clausius, em 1865, e estabelecia que a tendência de o calor passar de corpos de maior temperatura para corpos de menor temperatura poderia ser compreendida como aumento de entropia. Isso significa que, em sistemas isolados (que não possuem interação com o ambiente externo), haveria um aumento de entropia quando ocorressem transformações irreversíveis, e uma manutenção de seu valor nas transformações reversíveis. Assim, seria possível distinguir processos reversíveis de irreversíveis. No entanto, como o Universo é um sistema isolado, sempre haveria aumento de entropia. Como toda transformação é realmente irreversível, esta passava a ser uma característica da natureza.

Podemos inferir também que a passagem do tempo está associada ao aumento da entropia. Existe, então, uma seta do tempo ligada a esse conceito: uma vez que o Universo pode ser considerado um sistema isolado, e nada há além dele, o tempo fluiria num único sentido, o do aumento da entropia; logo, o tempo seria irreversível.

O paradoxo da reversibilidade

A termodinâmica prescinde de hipóteses sobre a constituição da matéria do gás que constitui o sistema gasoso em questão. Isso porque ela trabalha com grandezas macroscópicas, desconsiderando as partículas individuais que compõem o gás. Por isso, ela era uma ciência positivista por excelência.

Entretanto, conceitos como pressão e temperatura eram explicados a partir da idéia de que os gases são constituídos de partículas em constante movimento, chocando-se umas com as outras e produzindo assim os comportamentos macroscópicos observados. Sendo esses efeitos fruto da interação entre corpos que estão sujeitos às leis da mecânica, o sentido de seus movimentos poderia ser invertido a qualquer instante, e os corpos talvez voltassem a se arrumar como em um instante anterior.

Em 1876, Josef Loschimidt (1821-95) propôs que a entropia não podia ser produzida pelas leis da mecânica, pois estas são reversíveis no tempo, e aquela implicaria a noção de irreversibilidade. Se a entropia de um sistema cresce, ela pode decrescer se as velocidades das partículas que o constituem forem invertidas. Seriam as condições iniciais que definiriam o comportamento da entropia.

A resposta a tal argumentação foi dada pelo físico alemão Ludwig Boltzmann (1844-1906), enfatizando o caráter estatís-

✧ Paradoxo ✧

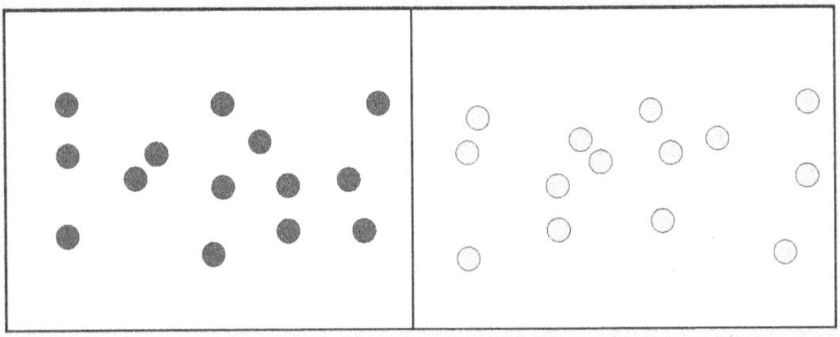

Tomemos uma caixa com uma divisão no meio. Do lado esquerdo colocamos bolas vermelhas, e do lado direito, amarelas. Se retirarmos a parede que divide os dois lados da caixa e a balançarmos de forma a misturarmos as bolas, é possível que, após várias sacudidelas, as bolas voltem a se separar do mesmo modo como no princípio? Isso será mais improvável quanto maior for o número inicial de bolas dentro da caixa; para duas bolas de cada lado, é fácil que elas se organizem de forma aleatória, como no início, mas com cem, mil, dez mil, um milhão etc., a probabilidade se torna cada vez menor. Ou seja, o que é probabilisticamente improvável torna-se fisicamente impossível.

tico da entropia e admitindo que as velocidades das partículas não estavam relacionadas. É o que chamamos de hipótese do caos molecular. Boltzmann referia-se assim à chamada mecânica estatística, que fora desenvolvida pelo norte-americano Willard Gibbs (1839-1903) em obra intitulada *Princípios elementares de mecânica estatística*, de 1902. Essa nova teoria permitia relacionar entropia e probabilidade.

Em 1877, Boltzmann mostrou que o aumento de entropia de um sistema estava ligado a sua tendência a buscar o estado mais provável. Com isso, introduziu uma noção probabilística no segundo princípio da termodinâmica. Se os sistemas termodinâmicos tenderiam para seus estados mais prováveis, seria possível, então, que eles caminhassem para outros estados, digamos, pouco prováveis? Como o número de partículas de um sistema termodinâmico é muito grande, algumas transformações passam a ser extremamente improváveis, o que significa dizer que são fisicamente impossíveis.

Será que o café retirado de uma garrafa térmica e posto em uma xícara tem sua temperatura elevada espontaneamente após algum tempo? Sabemos que isso não acontece. É improvável que as moléculas do café aumentem seu grau de vibração (sua temperatura) retirando energia do ar ao redor, que está a uma temperatura mais baixa que a dele.

O paradoxo da recorrência

A noção de irreversibilidade da entropia voltou a ser questionada em 1896 pelo matemático Ernest Zermelo (1871-1953). Baseando-se num então recente teorema da mecânica formulado por Henri Poincaré (1854-1912), ele colocava nova objeção à idéia de Boltzmann.

Diz esse teorema que qualquer sistema de partículas sujeito a interações que só dependam das posições delas sempre retornam a posições arbitrariamente próximas das condições iniciais depois de decorrido algum tempo *t*. Como é possível que as partículas que constituem um sistema possam voltar a condições infinitamente próximas às que tinham em algum tempo no passado, esse teorema impunha a inexistência de qualquer função mecânica que estabelecesse a existência de uma direção privilegiada no tempo — no caso, a entropia.

Boltzmann não aceitou os argumentos. Em sua própria defesa, afirmava que suas hipóteses não eram puramente mecânicas, e que leis estatísticas tornavam-se fundamentais para explicar o comportamento dos gases. Aprofundando sua argumentação, mostrou que o tempo *t* necessário para que as partículas se reorganizassem de forma igual à de um tempo passado era muito grande, da ordem da idade do Universo.

Ele também lançou mão de uma hipótese cosmológica segundo a qual pode haver flutuações na entropia do Universo em que esta assume um valor mínimo. A vida só existiria nessas regiões de mínimos, voltando a subir para máximos de entropia. Assim, para os homens, a entropia aumenta, dando uma direção subjetiva para o tempo, pois depende de nossa localização no Universo. Dessa forma, não haverá retorno a qualquer situação anterior, e nenhum evento voltará a acontecer como no passado.

A discussão sobre a validade da irreversibilidade do aumento da entropia não se esgotou com Boltzmann e Zermelo, mas adentrou o século XX. Os físicos passaram a aceitar a interpretação estatística da segunda lei da termodinâmica. Já os matemáticos tendiam mais para as objeções de Zermelo, pois não aceitavam o fato de que um teorema pudesse ser provavelmente verdadeiro. O século XX ainda reservaria muitas surpresas na interpretação da natureza. Mas este é um assunto para o próximo volume.

✧ Nietzsche e o eterno retorno ✧

A crença na possibilidade de uma eterna recorrência apareceu antes de Zermelo, na obra do filósofo alemão Friedrich Nietzsche (1844-1900), que defendeu a idéia de que viveríamos num mundo no qual a possibilidade de um constante recomeço seria real – o que ele denominou "eterno retorno" (1881).

> "Seja qual for o estado que esse mundo possa alcançar, ele deve tê-lo alcançado, e não uma vez, mas inúmeras. Assim este instante: ele já esteve aí uma vez e muitas vezes, e igualmente retornará, todas as forças repartidas exatamente como agora; e do mesmo modo se passa com o instante que gerou este, e com o que é filho do de agora. Homem! Tua vida inteira, como uma ampulheta, será sempre desvirada outra vez, e sempre se escoará outra vez – um grande minuto de tempo no intervalo, até que todas as condições a partir das quais vieste a ser se reúnam outra vez no curso circular do mundo. E então encontrarás cada dor e cada prazer, cada amigo e inimigo, cada esperança e cada erro, cada folha de grama e cada raio de sol outra vez, a inteira conexão de todas as coisas. Esse anel, em que és um grão, resplandece sempre outra vez. E em cada anel da existência humana em geral há sempre uma hora, em que primeiro para um, depois para muitos, depois para todos, emerge o mais poderoso dos pensamentos, o pensamento do eterno retorno de todas as coisas: ... é cada vez, para a humanidade, a hora do meio-dia."
>
> Friedrich Nietzsche, *O eterno retorno*

6

O NOVO ESPAÇO

✧ ✧ ✧

As geometrias não-euclidianas

Durante mais de 20 séculos, o espaço foi concebido à luz da geometria de Euclides (c.330-c.260 a.C.), cujos fundamentos foram descritos nos *Elementos* (c.300 a.C.). Nessa obra, Euclides apresentava diversas proposições sobre a geometria, desde a congruência de triângulos até a demonstração do teorema de Pitágoras, além de explorar a teoria dos números e a álgebra elementar.

Apesar do sucesso da geometria euclidiana, havia um postulado que era objeto de análise de diversos matemáticos durante vários séculos, e que no século XIX produziu o que se chamou de geometrias não-euclidianas.

O quinto postulado, conhecido como postulado das paralelas, não era auto-evidente como os outros. Em 1773, Girolamo Saccheri (1667-1733) publicou uma abordagem diferente para o postulado das paralelas utilizando o método do *reductio ad absurdum* e analisando os ângulos de um quadrilátero que possui dois ângulos retos entre a base e os lados. Ele demonstrou que os ângulos do topo devem ser iguais, mas podem ser agudos, retos ou obtusos, e chamou isso de hipótese do ângulo agudo, hipótese do ângulo reto e hipótese do ângulo obtuso.

Entretanto, não foi capaz de desenvolver soluções satisfatórias para a hipótese do ângulo agudo, o que o impossibilitou de construir uma nova geometria.

As tentativas de provar esse postulado a partir dos outros postulados e axiomas foram infrutíferas e geraram uma crise que só se solucionou quando o alemão Karl Friedrich Gauss (1777-1855), o húngaro Janos Bolyai (1802-60) e o russo Nikolai Lobachevski (1793-1856) passaram a abordar o problema de forma totalmente nova.

✧ Os postulados de Euclides ✧

1) Entre dois pontos quaisquer há uma reta que os liga.

2) É possível prolongar um segmento de reta indefinidamente até ele se transformar numa reta.

3) É possível descrever um círculo com qualquer centro e qualquer raio.

4) Todos os ângulos retos são iguais entre si.

5) Se uma linha reta cortar duas outras retas de modo que a soma dos dois ângulos internos de um mesmo lado seja menor que 180°, então essas duas retas, sendo suficientemente prolongadas, cruzam-se do mesmo lado em que estão esses dois ângulos.

A geometria que Euclides apresentou nos *Elementos* se construiu com 465 proposições a partir desses cinco postulados e alguns outros axiomas.

✧ Quadrilátero de Saccheri ✧

Na geometria euclidiana, os ângulos do topo só poderiam ser retos se os ângulos da base também o fossem. Isso está de acordo com nossa percepção cotidiana, mas não vale para as geometrias não-planas, as geometrias não-euclidianas.

Foi Gauss provavelmente o primeiro a construir novas interpretações para o quinto postulado. Entretanto, como nada publicou a esse respeito, a honra ficou para Lobachevski e Bolyai. O primeiro publicou seus resultados em 1829-30, e o segundo, em 1832, de forma independente. Depois, em 1854, o também alemão Georg Riemann (1826-66) construiu a segunda forma de geometria não-euclidiana, na qual deixava de considerar a infinitude da reta, passando a admitir apenas que ela é ilimitada. Com essas novas geometrias solucionou-se o problema secular do postulado das paralelas.

Retornando a Saccheri, podemos dizer que a geometria de Euclides é da hipótese do ângulo reto; a de Lobachevski e Bolyai, é da hipótese do ângulo agudo; e a de Riemann, a do ângulo obtuso. Sendo assim, para a geometria de Lobachevski e Bolyai, o quinto postulado poderia passar a ser assim considerado: por um ponto fora de uma reta dada podem-se passar várias paralelas a ela. Certamente esse axioma pode parecer absurdo, pois estamos tão acostumados com o de Euclides que fica difícil compreender o espaço de outra forma.

Como conseqüência desse postulado, devem-se refazer vários teoremas, como, por exemplo: em Euclides, a soma dos ângulos internos de um triângulo é sempre igual a 180°. Nessa nova geometria, o valor é sempre menor, e a sua diferença para dois ângulos retos é proporcional à superfície do triângulo.

Na geometria de Riemann, pode-se dizer que o quinto postulado tem um significado não menos desconcertante, uma vez que, por um ponto fora de uma reta dada, não passa paralela alguma a ela.

O espaço de Riemann é finito e ilimitado, é um espaço esférico onde podemos caminhar sem encontrar limite. Mas podemos dar uma volta completa nesse espaço, logo, ele tem fim.

Nessa geometria esférica, o primeiro postulado de Euclides também foi abandonado; por dois pontos só pode passar uma única reta. Podemos perceber que, numa esfera, se tomarmos dois pontos diametralmente opostos, traçaremos infinitas retas entre eles.

O espaço começou a ser construído sobre novos moldes, possibilitando imaginar outras representações espaciais a partir da construção de novas geometrias.

Na verdade, a matemática passou a ser considerada uma criação do espírito humano, e não algo que lhe é imposto pelo mundo em que vivemos.

É difícil imaginar o espaço construído por essas novas geometrias. As analogias não são imediatas, visto que nossa percepção visual foi educada segundo a geometria de Euclides. A pintura do século XIX também empreendeu um desmonte da tradição geométrica que vigorava desde o Renascimento, e por isso pode ajudar a desarmar nossa percepção clássica sobre o espaço.

✧ *Os irmãos Karamazov* ✧

O escritor russo Fiódor Dostoiévski, em sua obra *Os irmãos Karamazov* (1879-80), fez uma referência explícita de incompreensão das geometrias não-euclidianas.

> "É preciso notar, no entanto, que se Deus existe, se criou verdadeiramente a terra, fê-la, como se sabe, segundo a geometria de Euclides, e não deu ao espírito humano senão a noção das três dimensões do espaço. Entretanto, encontram-se ainda geômetras e filósofos, mesmo eminentes, para duvidar de que todo o Universo e até mesmo todos os mundos tenham sido criados somente de acordo com os princípios de Euclides. Ousam mesmo supor que duas paralelas que, de acordo com as leis de Euclides, jamais se poderão encontrar na Terra possam encontrar-se em alguma parte do infinito. Decidi, sendo incapaz de compreender mesmo isto, não procurar compreender Deus. Confesso humildemente minha incapacidade em resolver tais questões; tenho essencialmente o espírito de Euclides: terrestre. De que serve querer resolver o que não é desse mundo? ...
> Essas questões estão fora do alcance dum espírito que só tem a noção das três dimensões."
>
> Fiódor Dostoiévski, *Os irmãos Karamazov*

Novos caminhos na pintura

A compreensão do espaço sofreu grandes modificações também na representação pictórica. A visão clássica estabelecida no Renascimento sofreu mudanças que culminaram, na segunda metade do século, no advento do Impressionismo. É importante notar que a representação espacial renascentista, antes de ser uma imitação do real, é uma ilusão com referência a ele. Houve, por exemplo, uma redução da visão à perspectiva monocular. De certa forma, a representação espacial do Renascimento simplificou a visão tanto quanto a ciência moderna, fruto da mesma época, simplificou as explicações do mundo real — à medida que Galileu e Newton, entre outros, se viram levados a abandonar os atritos, num primeiro momento, para conseguir estabelecer leis gerais sobre os fenômenos analisados.

O Impressionismo trouxe uma nova representação do espaço visual, libertando-se parcialmente das amarras da representação clássica. A partir das obras impressionistas, artistas e público puderam vislumbrar uma nova representação espacial. Esse processo ocorreu tanto na pintura como na ciência, que, ao final do século XIX, construía um Universo em que a percepção das teorias só era possível por meio de analogias que buscavam auxiliar a compreensão da realidade. Como visualizar conceitos como energia, campo eletromagnético, ligações químicas etc.?

Ciência, matemática e arte se relacionam de uma forma bastante complexa. Os pintores impressionistas estudaram a ciência da cor, lendo diversos trabalhos científicos que tratavam do tema, mas não foi apenas a análise científica da cor que aproximou a ciência do Impressionismo. A visão atomista, por exemplo, se fortaleceu ao longo do século, com o desenvolvimento da tabela periódica, da química orgânica, da teoria cinética dos gases, com o desenvolvimento de modelos atômicos e, por fim, com a determinação da razão entre carga e massa de um elétron.

✧ Seurat e o pontilhismo ✧

Em *Convite ao circo* (1887-88), Seurat compõe a obra com uma infinidade de pontos que dão idéia de uma aparente continuidade. De forma análoga à ciência, também passava a compreender a natureza constituída a partir da descontinuidade atômica.

A pintura impressionista também passou a fornecer uma realidade construída de pequenos toques de cor que compõem a totalidade da representação. Essa descontinuidade microscópica está presente em muitos pintores impressionistas, mas sobretudo em Georges Seurat (1859-91). Ele inaugurou uma nova técnica de pintura, o pontilhismo, na qual os quadros são compostos a partir de pontos coloridos colocados lado a lado, dando uma noção de continuidade oriunda da descontinuidade.

Nas obras de outros pintores do século XIX, como Édouard Manet (1832-83), Claude Monet (1840-1926) e Paul Cézanne (1839-1906), por exemplo, é possível constatar as mudanças das concepções espaciais que não podem mais ser enquadradas na perspectiva clássica.

Esses artistas deformaram o espaço, relacionaram-no com o tempo e a matéria, promovendo uma abertura para uma nova natureza, que deixava de ser regida pela geometria euclidiana ou pela separação clássica entre tempo e espaço.

As séries de Monet, como a fachada da *Catedral de Rouen*, dos *Montes de feno*, entre outras, nos fornecem a possibilidade de refletir sobre o fato de que a temporalidade é primordial para a definição e compreensão do espaço. Os objetos por ele representados não são os mesmos pelo simples fato de que o tempo os modificou. Isso terá implicações fundamentais no século XX, quando Einstein mostrar, na física, que tempo e espaço não podem mais ser pensados separadamente.

Em Cézanne, a matéria parecia fornecer significado ao espaço, que não poderia mais ser pensado como um reservatório vazio a ser preenchido pelos corpos que ele contém. Em seu quadro *Natureza-morta com cesta de frutas* (1888-90), ele quebrava a perspectiva, tanto na descontinuidade da borda da mesa como no fato de que os objetos, da forma como estão representados, não cabem sobre ela. O espaço pictórico só ganhava significado pela presença dos objetos, não sendo possível pensá-lo sem eles. Mais uma vez essa representação pictórica anunciava uma nova concepção de espaço material que a física do século XX iria traduzir para a linguagem matemática.

✧ A desconstrução da perspectiva ✧

Os objetos compõem uma noção espacial que não respeita as regras de uma perspectiva tradicional. Ela parece propor uma nova concepção em que espaço e matéria são indissociáveis.

As geometrias não-euclidianas e a pintura do século XIX criaram um novo espaço e parecem ter aberto a imaginação de artistas e cientistas. No século seguinte, eles iriam construir uma nova realidade espacial, livre dos cânones da perspectiva renascentista, possibilitando-nos sonhar e realizar um universo novo e desconcertante.

✧ O tempo no espaço ✧

Esse quadro, 1894, faz parte de uma série em que Monet mostra a influência do tempo na percepção do espaço. Isso é representado por meio das cores com que ele pintou a fachada da catedral, indicando a passagem do tempo, bem como a mudança na percepção do espaço representado.

7

EM BUSCA DE UMA ORDEM

✧ ✧ ✧

Na primeira metade do século XIX, muitas substâncias revelaram-se aos químicos. Esse fato, ao mesmo tempo que encantava, gerava discussões e polêmicas. Como fazer para estudar as propriedades dessas novas substâncias? Seria possível encontrar uma lógica capaz de gerar uma tabela que ordenasse todas as substâncias químicas conhecidas e as que ainda haveriam de ser descobertas?

Responder a essas questões foi um problema ao qual os químicos do século XIX se dedicaram. No século XVIII, com o estabelecimento de uma nova nomenclatura, Lavoisier construiu um arcabouço teórico capaz de organizar o conhecimento químico até então produzido. Sua proposta ordenava as substâncias segundo uma lógica coerente, passível de ser comunicada às novas gerações. Dessa forma, o sistema de Lavoisier representou uma vitória. Com ele, o passado podia ser esquecido, e uma nova história transmitida. Porém, os acontecimentos do início do século XIX tornaram aquele sistema insuficiente, as críticas ganharam cada vez maior consistência. Aquela ordem não poderia ser usada para as substâncias agora conhecidas.

Sem uma estrutura lógica que lhes ordenasse, as substâncias eram simplesmente descobertas, o que tornava muito difícil a tarefa de transmitir às futuras gerações de cientistas os novos conhecimentos. Assim, tornava-se urgente criar uma ordem para os elementos químicos. Para criá-la, porém, era preciso estipular critérios. A ciência estabelecida desde o século XVII impunha o caminho da quantificação, ou seja, a necessidade de se associarem, às substâncias conhecidas, grandezas passíveis de serem traduzidas por um número. Mas que características das substâncias poderiam ser facilmente medidas?

Dalton indicara um caminho que, entretanto, não ficou imune às críticas. O sueco Jöns Jacob Berzelius (1779-1848), por exemplo, que via problemas nas análises das propriedades mecânicas dos átomos de Dalton, se afastou daquela proposta e construiu uma teoria eletroquímica. Para ele, a menor parcela de um corpo simples era dotada de uma polaridade elétrica, e, portanto, possuía uma característica eletropositiva ou eletronegativa. Essa propriedade era a responsável pelo grau de afinidade ou união entre os corpos simples, uma vez que, numa combinação, os átomos seriam atraídos para os opostos. Por presumir que todos os compostos eram formados por um elemento ou grupamento eletropositivo e outro eletronegativo, esta teoria foi denominada dualista.

A força de afinidade química foi identificada por Berzelius com a força elétrica de atração, de forma que as reações químicas apareceriam sempre acompanhadas de reações elétricas. Entretanto, ele reconheceu que alguns compostos minerais, como os óxidos, eram privados de polaridade, e por isso os denominou corpos neutros.

Berzelius realizou muitos trabalhos de análise com o propósito de fixar as proporções exatas dos diferentes elementos nos compostos e explicar as razões segundo as quais eles se uniam.

Em 1818, publicou o "Ensaio sobre a teoria das proporções químicas", em que apresentava uma tabela de pesos atômicos, fixando o oxigênio como padrão e determinando o peso relativo dos elementos de acordo com a composição de seus óxidos.

Ainda segundo o espírito da química do século XIX, Berzelius criou um sistema de representação simbólica no qual usava a letra inicial do nome latino de cada substância elementar para representá-la. Porém, como em muitos casos havia coincidência, precisou ampliar o critério. Assim, determinou que, para os metalóides, valeria apenas a primeira letra, independentemente da igualdade entre as iniciais do nome do metalóide e de um metal. Para o caso dos metais que tivessem a mesma letra inicial que um metalóide ou outro metal, seriam usadas as duas primeiras iniciais. Em caso de coincidência, ficaria, então, a primeira letra seguida da primeira consoante. Seguindo esse sistema, a letra S representava o enxofre; o conjunto Si, o silício; St, o antimônio (em latim, *stibium*); O para o oxigênio; C para o carbono; Co para o cobalto; Cu para o cobre (em latim, *cuprum*).

A proposta de Berzelius era criar uma representação algébrica para identificar os diferentes compostos. Ele escreveu fórmulas utilizando letras agrupadas para mostrar como átomos polarizados ou grupos de átomos poderiam ficar juntos numa molécula.

No início do século XIX, dividia-se a química entre aquela dos minerais, a chamada química inorgânica, e a dos animais e plantas, denominada orgânica. Essa segunda vertente trabalhava, na época, com métodos que a aproximavam mais da história natural do que propriamente da química inorgânica, uma vez que seu objetivo maior era extrair substâncias das plantas e animais encontrados na natureza, e, portanto, longe dos laboratórios. Dessa forma, a classificação das substâncias, assim como sua identificação, baseava-se apenas nas propriedades observadas como as referentes a elasticidade, transparência, acidez e amargor.

As investigações experimentais concernentes às reações químicas que diziam respeito ao campo da química inorgânica não eram objeto de análise como as das plantas e animais. Também estavam excluídos os fundamentos teóricos da química pautados na idéia de átomo. O estudo das substâncias orgânicas tinha, nesse contexto, um sentido dual, pois, de um lado, pertencia à química, visto que os métodos de extração eram próprios dessa disciplina; de outro, vinculava-se à história natural, uma vez que essas substâncias, por serem parte constituinte das plantas e dos animais, deveriam ter suas identificações e classificações de acordo com os critérios dessa área da ciência.

Essa dualidade sofreu críticas dos defensores da idéia de que o trabalho da química orgânica deveria se voltar para o aspecto químico, ultrapassando a análise dos componentes de plantas e animais. Dessa forma, a trajetória da química inorgânica deveria ser o modelo daquela investigação, de modo a privilegiar a análise das reações passíveis de se realizarem no laboratório. Seguindo esse procedimento, muitos químicos produziram artefatos orgânicos. Por volta de meado do século XIX, o número de compostos orgânicos conhecidos cresceu consideravelmente, sendo que a grande maioria não havia sido extraída de plantas ou animais, mas artificialmente transformada, num laboratório, em composto orgânico.

Análises dos materiais orgânicos mostravam que todos, sem exceção, continham carbono. Por isso, o químico Charles Gerhardt (1816-56), em 1844, defendeu a idéia de que a química orgânica era a química do carbono. Nela estariam incluídos apenas os materiais orgânicos em suas relações químicas, sem análises a respeito da função que desempenhavam na organização da vida. Seguindo o passo da química inorgânica, os compostos orgânicos tornaram-se objetos de laboratório. Como conseqüência, a química orgânica afastou-se da história natural, estimulando os químicos a procurarem unir química orgânica e inorgânica num corpo teórico coeso.

Mas essa tarefa não era simples: o primeiro passo seria identificar e classificar as substâncias orgânicas a partir de uma análise quantitativa. A nomenclatura e as fórmulas de Berzelius, por estarem razoavelmente dissociadas da teoria eletroquímica, se mostraram um bom caminho a seguir. Apesar dessa possibilidade, a confusão entre os químicos era grande.

Os pesos atômicos determinados por Dalton e Berzelius, por exemplo, não coincidiam, e essa não era a única discrepância. O químico inglês William Hyde Wollaston (1766-1828), que inicialmente defendera a proposta de Dalton, rejeitou aquele sistema por considerá-lo vinculado demais a especulações sobre a idéia de átomo. Em 1814, apresentou a proposta alternativa com base apenas na classificação de equivalência das substâncias a partir de um padrão escolhido, o oxigênio, para o qual adotou o valor de peso atômico igual a 100.

Os problemas não se limitaram a esses três sistemas. Em 1819, dois cientistas franceses, Pierre-Louis Dulong (1785-1838) e Aléxis Petit (1791-1820), concluíram, a partir de análises experimentais e teóricas, que o calor específico dos elementos seria inversamente proporcional a seus pesos atômicos. Com isso, afirmavam que os átomos de todos os corpos simples tinham a mesma capacidade de calor: ou seja, o produto dos pesos atômicos e dos calores específicos seria igual a uma constante. Comparando o resultado de sua lei com os dos pesos atômicos estabelecidos por Berzelius, Petit e Dulong, para manter a coerência do sistema, tiveram de dividir por dois o valor do peso atômico de alguns elementos.

O sistema de Berzelius ainda precisou se defrontar com outro problema. Estudos mostraram que os sais resultantes da combinação de uma mesma base com ácidos diferentes poderiam possuir forma cristalina igual — do mesmo modo como, a partir de um único ácido e de bases diferentes, seria possível obter sais de formas cristalinas idênticas. Esses resultados, que foram enunciados como lei do isoformismo, impuseram uma revisão dos números de pesos atômicos atribuídos a alguns elementos. Berzelius não resistiu às críticas e impôs uma revisão de sua tabela em 1826.

Essas discrepâncias despertaram a atenção de Charles Gerhardt. Num primeiro momento, o debate não ultrapassou o mundo das idéias. Era muito fácil converter um sistema de unidades em outro. Nesse caminho, Avogadro introduziu hipóteses auxiliares ao seu trabalho para explicar a diferença entre os pesos atômicos experimentais determinados com base na densidade e aqueles estimados por métodos físicos. Sua proposta, considerada obscura, foi abandonada. Porém, Gerhardt, com o propósito de conciliar os resultados obtidos a partir da lei dos calores específicos e do isoformismo, atualizou a proposta de

Avogadro, criando uma diferenciação entre átomos e moléculas. Ele difundiu então um novo sistema de pesos atômicos em que o carbono aparecia com o valor 12, e o oxigênio, 16.

A proposta de Gerhardt foi de tal envergadura que entre ela e as outras não era mais possível uma conciliação. A confusão tornou-se imensa. Podia-se estabelecer mais de um valor de peso atômico para um único elemento; e havia mais de uma fórmula capaz de descrever um mesmo composto. Esse panorama, aliado à necessidade de se criar um sistema para organizar o número cada vez maior de elementos químicos conhecidos, fez com que um grupo de filósofos naturais propusesse a realização de um congresso científico com o único objetivo de resolver as polêmicas.

À procura de um consenso

Em 1860, na escola politécnica de Karlsruhe, químicos de diferentes países se reuniram para realizar o primeiro congresso científico. Seu propósito era responder questões do tipo: admite-se como válido o sistema de Gerhardt ou a notação de Berzelius? Os três organizadores conseguiram mobilizar químicos de renome para o evento, que durou três dias. O congresso foi composto por sessões plenas que se alternavam com outras restritas, encarregadas de organizar questões a serem submetidas à votação nas assembléias.

Muitas idéias foram apresentadas e debatidas. Porém, não se obteve o consenso esperado. O resumo final é pequeno e pouco conclusivo, uma vez que se optou por respeitar a individualidade e não impor uma opinião. A publicação do resumo só ocorreu

32 anos depois, em 1892, por ocasião de um novo congresso em Genebra, desta vez sobre nomenclatura.

Apesar de não alcançar seu maior objetivo, o congresso explicitou a existência de duas grandes tendências. Uma insistia na necessidade de se distinguir a molécula física da molécula química, colocando assim como questão fundamental a definição do átomo. Já outra se furtava de discussões mais especulativas sobre a existência do átomo e centrava atenção nas maneiras possíveis de se estabelecer um método para determinar os pesos atômicos.

Um dos participantes do congresso, Stanislao Canizzaro (1826-1910), representante da segunda tendência, escreveu um texto distribuído durante o evento no qual defendia a necessidade de se tomar um caminho efetivamente interdisciplinar para determinar os pesos atômicos. Para ele, os critérios auxiliares, como calor específico, isomorfismo e analogia química, deveriam ser usados em conjunto, tomando como referência a teoria de Avogadro e Clausius.

Embora o texto final do congresso tenha sido pouco conclusivo, as idéias ali discutidas exerceram grande influência em outros participantes, como Dimitri Mendeleiev (1834-1907), que na época tinha apenas 26 anos.

Mendeleiv nasceu em Tobolsk, no oeste da Sibéria, e formou-se no Instituto Pedagógico Central em São Petersburgo. Em 1859, obteve verba do governo russo para estudar no exterior por dois anos. Primeiro esteve em Paris e depois em Heidelberg, onde assistiu a um período de aulas dadas por Gustav Kirchoff (1824-87). Depois destas aulas, Mendeleiv trabalhou por um pequeno tempo em Heidelberg com o grande parceiro de Kirchoff, Robert Bunsen (1811-99).

Kirchoff e Bunsen investigaram o comportamento de elementos quando aquecidos. Eles desenvolveram o espectroscópio, que usava um prisma para refratar a luz. Com o auxílio deste aparelho, puderam analisar o espectro da luz emitida por um gás quando aquecido. Seus estudos permitiram-lhes concluir que, em cada caso, produzia-se um espectro característico de linhas coloridas, de forma que todo gás possuía uma identidade, seu próprio espectro. Os dois cientistas trabalharam intensamente no processo de identificação de gases, desenvolvendo métodos que lhes tornou possível analisar com maior precisão os diferentes espectros. Como fruto desse trabalho, descobriram um novo elemento, a que deram o nome de rubídio.

Kirchoff sabia que, quando a luz passava por um gás, apareciam linhas escuras em seu espectro. Interpretando o fato, concluiu que elas correspondiam às linhas do espectro que o gás emitiria caso aquecido. Na análise da luz do Sol apareciam faixas escuras — considerando que a luz do Sol passara pela atmosfera do astro —, Kirchoff defendeu a idéia de que essas faixas correspondiam ao espectro dos gases que a compunham. Assim, era possível dizer que a atmosfera do Sol possuía vapor de sódio, indicando que este era um dos constituintes do astro.

Mendeleiev transpôs esse conhecimento para seus estudos de átomos e de valência, ou seja, da medida da capacidade de um átomo se combinar com outros. Sobre os gases, mostrou que, ao se diminuir sua temperatura, enquanto a pressão era aumentada, o gás se liquefazia.

Logo após o congresso, Mendeleiev retornou a São Petersburgo. Ali encontrou químicos alheios às novidades de sua ciência. Preocupado em apresentar os novos conhecimentos a seus patriotas, começou a escrever um manual de química orgânica e depois um de inorgânica. Ele reconhecia a importância de organizar o conhecimento químico acumulado para transmiti-lo às novas gerações. De certa forma, a organização desse conhecimento passava pela descoberta de um modo de classificar os elementos químicos, cujo número aumentava progressivamente.

Um dos caminhos seguidos para alcançar esse objetivo foi procurar uma identidade única entre os elementos. Alguns sugeriam que tudo derivava do hidrogênio, e, portanto, a classificação surgiria a partir do conhecimento da relação daquele que se desejava classificar como primordial. Outra vertente foi seguida por alguns químicos, como John Alexander Newlands (1837-98), William Odling (1829-1921) e Mendeleiev. Cada um deles investiu na construção de uma lei geral capaz de fornecer a ordem desejada. Para cumprir a tarefa, adotaram o sistema de pesos atômicos apresentado por Cannizzaro no congresso de 1860.

Newlands construiu, em 1865, uma lei pela qual os elementos estavam ordenados numa escala em que as propriedades químicas se repetiam de sete em sete elementos, à semelhança da escala musical. Para que a ordenação se completasse, foi preciso supor a existência de elementos desconhecidos. Uma das previsões realizadas se referia ao caso de um elemento de peso atômico igual a 73. Nesse processo, Newlands classificou 51 elementos conhecidos.

O sistema não teve grande força por várias razões, dentre as quais o fato de o peso atômico calculado por Newlands, segundo alguns, estar errado, e também porque ele não conseguiu classificar todos os elementos conhecidos. Porém, pode-se afirmar que a rejeição ao sistema muito se deveu ao ambiente em que foi apresentado. Na Sociedade Química de Londres, Newlands foi ridicularizado. Perguntaram-lhe inclusive se um sistema de classificação em ordem alfabética não seria mais adequado.

Ainda em 1865, Olding construiu, de maneira independente, um sistema de classificação mais completo. Cinqüenta e sete elementos dos 60 conhecidos foram classificados de acordo com o aumento de seus pesos atômicos. Destacavam-se ainda as semelhanças e as diferenças entre os pesos atômicos, deixando um grande espaço vazio entre os pesos 40 e 50, e entre 65 e 75. Esse sistema foi modificado pelo próprio autor, e as alterações, ao invés de ampliá-lo, reduziram sua abrangência.

Apesar de perseguir uma lei geral de classificação dos elementos químicos, Mendeleiev seguiu um caminho diferente de Newlands e Olding. Em seu processo de construção, considerou os elementos indivíduos ímpares. Essa idéia estava de certa forma relacionada a discussões apresentadas no congresso de Karshule. Em seu trabalho, Mendeleiev seguiu a proposta de Canizzaro no que se relacionava à definição dos termos átomos, elementos, corpos simples, equivalentes e moléculas.

De acordo com suas considerações, o corpo simples era sempre distinto do elemento. O corpo simples possuía propriedades físicas e químicas estabelecidas pela experiência, era um corpo concreto. O elemento não tinha existência fenomenal, pois estava sempre escondido num corpo simples ou composto, mas sua individualidade não era rompida nas reações químicas. Assim, era ele quem deveria ser classificado por Mendeleiev segundo uma lei clara e geral.

Mendeleiev publicou seu trabalho apresentando uma tabela em que os elementos se encontravam ordenados de acordo com o crescimento de seus pesos atômicos. Nesse processo, ele defrontou-se com problemas. Primeiro, considerando os elementos até então reconhecidos, sua forma de classificação impunha lacunas entre eles. A definição de elemento adotada por Mendeleiev, mais que um refinamento conceitual, foi algo determinante na solução do problema. Isso porque o caráter fenomenal que alguns atribuíam ao elemento químico impedia qualquer possibilidade de previsão.

Mendeleiev não se intimidou e admitiu que havia elementos ainda desconhecidos, com pesos atômicos e valências capazes de preencher as lacunas encontradas. Os elementos êka-alumínio, êka-boro e êka-silício, previstos por Mendeleiev, correspondiam a elementos posteriormente descobertos. Essas famosas previsões não escondem o trabalho de aproximação realizado para compor as propriedades dos elementos. A generalidade da lei não permitiu traçar perfeitamente todos os casos individuais.

Na tabela periódica, alguns elementos conhecidos, como o índio e o urânio, apresentavam valores de pesos atômicos que não os encaixavam satisfatoriamente no conjunto já classificado. Mendeleiev privilegiou, então, a lei que construiu para montar a tabela e propôs as alterações necessárias para esses valores. Assim, o peso atômico do índio foi considerado igual a 114, em vez do valor 75 estabelecido; e o do urânio considerava 240, no lugar do valor 120 adotado.

O trabalho final de Mendeleiev conseguiu dar uma resposta satisfatória ao problema que procurou resolver, porém sua tabela periódica não passou impune pelo tempo. A inflação de elementos, que impulsionou os químicos à procura de uma forma de classificação, também trouxe questões para a tabela periódica.

✧ Tabela periódica ✧

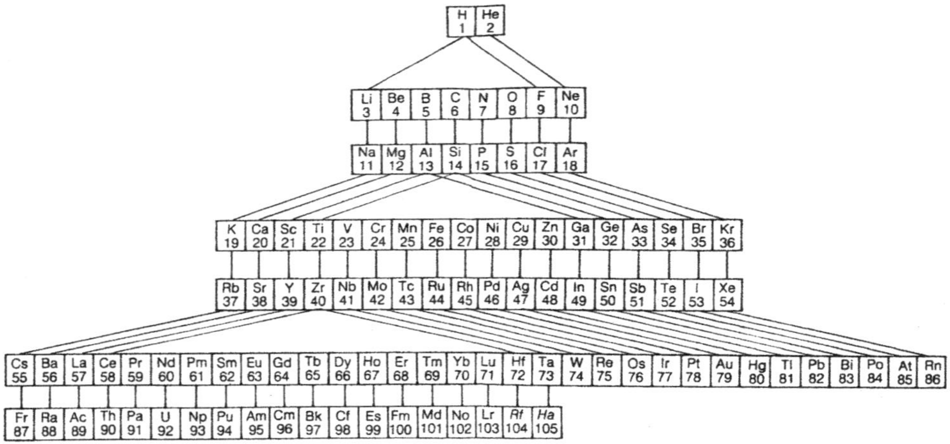

Este é o esquema da tabela periódica de Mendeleiev, após os ajustes necessários para que os elementos conhecidos fossem ordenados. A tabela contém espaços vazios, mais tarde preenchidos, porém a descoberta incessante de novos elementos trouxe problemas ao sistema de ordenação estabelecido.

Pouco tempo depois de apresentar sua tabela final, Mendeleiev enfrentou a descoberta de uma série de elementos que possuíam características químicas e pesos atômicos muito próximos. Em 1869, ele só incluíra cinco desses elementos, hoje conhecidos por "lantanídeos", mas já ficara completamente perturbado. A individualidade dos elementos, um dos principais critérios da classificação de Mendeleiev, fugia a esses elementos que apresentavam um comportamento de grupo muito marcado.

Mendeleiev encarou o problema, modificou o peso atômico dos elementos, previu lugares vagos, mas não conseguiu dar respostas muito satisfatórias. A situação se agravava com o aparecimento de novos elementos no grupo, que, além das dificuldades já mencionadas, quebravam a sucessão regular do período da tabela. O lugar dos "lantanídeos" só foi encontrado mais tarde, numa fenda na tabela.

As descobertas de novos elementos depois de elaborada a tabela não paravam de criar situações novas. Em 1895, William Ramsay (1852-1916) isolou dois novos gases estranhos à lei periódica da tabela de Mendeleiev: o argônio e o hélio, que não haviam sido previstos. O primeiro apresentava peso atômico igual a 40, devendo situar-se entre o potássio e o cálcio, algo inconcebível, pois não havia espaço vazio entre tais elementos. Para salvar a tabela, propôs-se que o argônio poderia ser uma molécula triatômica de azoto.

William Ramsay e John William Rayleigh (1842-1919), confiando na lei periódica, resolveram o problema prevendo um elemento intermediário entre o argônio e o hélio, e criando um novo grupo, o dos gases raros. Esse novo grupo foi rapidamente preenchido com a descoberta do neônio, do criptônio e do xenônio. Essa adição não agradou Mendeleiev, pois acreditava que ela rompia a simetria de sua construção. Afora isso, a inércia característica desses gases colocava problemas à idéia de individualidade, para ele tão importante. A tabela ainda foi alterada por Mendeleiev em 1902, ao considerar o éter um elemento químico e introduzi-lo na tabela.

Não se pode dizer que a tabela periódica constituiu a obra genial de um homem isolado. Ela era a resposta de uma época a problemas específicos, considerados fundamentais. Seu produto final marcou, de certa forma, a vitória da química dos elementos individuais em detrimento daquela que buscava um elemento único presente na composição de todos os outros. O trabalho de Mendeleiev não representou uma profecia para o século XX, mas uma resposta para o século XIX, rapidamente reinterpretada à luz das novas teorias atômicas do século seguinte.

8

EVOLUCIONISMO

✧ ✧ ✧

Desde o nascimento da ciência moderna havia um consenso sobre a não transformação dos seres vivos. A origem dessa idéia remonta à filosofia grega.* Platão, ao pensar o cosmo a partir de uma dualidade, o mundo das idéias e o mundo dos sentidos, acabou por conceder ao primeiro um caráter de imutabilidade. Já Aristóteles, apesar de conceber mudanças na natureza, acreditava existir uma essência imutável nos seres vivos, a alma, que forneceria a chave para o entendimento da finalidade do homem no cosmo.

Mais tarde, com o advento das religiões judaico-cristãs, essas idéias foram assimiladas, ganhando novas interpretações. A alma também indicava a finalidade de cada ser vivo no *design*, isto é, no projeto de Deus.** O homem possuiria uma alma diferente, que, além de lhe garantir sensibilidade, comum a todos os animais, possibilitaria o uso da razão. Criado à imagem e semelhança de Deus, seria a criatura mais importante do projeto divino.

Ao longo do século XVIII, foram surgindo na Europa diversos questionamentos à visão de uma natureza imutável. As

---

* Ver volume 1 desta coleção, *Convergência de saberes*, Capítulo 1.

** Ver *Das Luzes ao sonho do doutor Frankenstein*, Capítulo 6.

origens das críticas ao fixismo, nome dado ao conjunto de idéias que pregavam essa imutabilidade, eram diversificadas. Iam desde o campo puramente filosófico — em que o ideal de progresso ganhava cada vez mais importância nas sociedades sob rápidas transformações — até o campo puramente observacional, no qual estudos cada vez mais aprofundados traziam novas evidências de um planeta em constante mutação.

No campo da botânica e da zoologia, novos espécimes eram descobertos a cada dia, levados à Europa por naturalistas e viajantes, ou apresentados por microscopistas. Cada espécime descoberto colocava um novo problema para aqueles que desejavam encontrar uma ordem taxonômica fixa. Por sua vez, os fósseis examinados apresentavam diferenças significativas em relação às espécies conhecidas na Europa. Seriam eles animais extintos? Como explicar isso à luz da idéia de uma natureza harmônica, em que cada espécie tinha uma finalidade bem definida no projeto de Deus? Por que o Criador permitira o desaparecimento daqueles seres?

A geologia, por sua vez, começava a se estruturar, mostrando que o planeta se constituíra durante um longo tempo, passando por diversas transformações. O exame das rochas apontava uma idade para a Terra superior àquela que se calculara nos séculos anteriores. Por outro lado, enquanto os relatos bíblicos apresentavam uma criação simultânea da Terra e dos seres vivos, os naturalistas começavam a perceber que o planeta era muito mais antigo que os seres vivos, isto é, a idade geológica era superior à biológica.

O catastrofismo de Georges Cuvier (1769-1832) procurou dar uma resposta fixista a essas questões. Segundo ele, haviam ocorrido diversas catástrofes na Terra ao longo de sua história. Em cada uma delas, grande parte dos seres vivos teriam se extinguido, sobrando algumas espécies que se multiplicaram a partir daquele ponto. Com essa tese, os filósofos naturais poderiam acreditar na criação de todas as espécies no início dos tempos, e também que as catástrofes teriam separado os seres extintos daqueles que viviam no momento. Para alguns deles ainda se podia contar com a ação da graça divina no processo, pois, após cada catástrofe, novos seres teriam sido introduzidos pelo Criador, que recompusera assim a diversidade.

No final do século XVIII, uma das primeiras vozes a se levantar contra a visão fixista no campo da história natural foi a do médico Erasmus Darwin (1731-1802). Ao escrever um livro denominado *Zoonomia*, em 1794, ele propusera que a transformação das espécies ao longo do tempo teria se dado em função das suas necessidades. Numa Inglaterra anglicana e conservadora, Erasmus recebera influências tanto dos adeptos da *Naturphilosophie* como das correntes materialistas francesas. Além disso, professava idéias bastante progressistas em termos sociais, pois, além de ser contra a escravidão, defendia a ampliação dos direitos dos cidadãos na Inglaterra monárquica. Sua ousadia em defender o transformismo das espécies antes mesmo que o debate fosse colocado em termos mais amplos influenciou seus netos, o naturalista Charles Darwin (1809-82) e o antropólogo Francis Galton (1822-1911). Apesar de não ter conhecido o avô, Charles confessou mais tarde que a leitura de *Zoonomia* lhe causara grande admiração, pela perspectiva transformista, e decepção, pela quantidade de especulações sem provas presentes na obra.

A teoria progressista de Lamarck

Na segunda metade do século XVIII, as propostas iluministas já haviam se consolidado, e as correntes mecanicistas começavam a se firmar como visão hegemônica da natureza nos meios científicos franceses. As concepções fixistas, baseadas na idéia de um projeto divino para a natureza, eram cada vez mais questionadas, assim como as influências metafísicas sobre a ciência. Nesse contexto, foi dado o passo seguinte rumo à construção de um novo pensamento evolucionista.*

Jean-Baptiste de Monet de Lamarck (1744-1829) foi o personagem principal desse passo. Após graduar-se em medicina, Lamarck tornou-se estudioso de botânica. No início da carreira, flertou com o vitalismo, entretanto, à medida que começava a formular seu programa de estudos, suas concepções foram se aproximando cada vez mais do mecanicismo deísta.** O projeto de Lamarck era promover uma unificação dos estudos relacionados à vida na qual botânica, zoologia, fisiologia e história natural se tornassem uma única disciplina. Cunhou o termo *biologia* para essa nova área de estudos. Com isso, pretendia romper com as análises superficiais próprias de algumas investigações da época e construir um projeto de estudo que formulasse uma grande teoria unificadora.

---

* No princípio do século XIX, o termo evolução era usado no sentido de desenvolvimento dos seres da fase embrionária à adulta. As palavras utilizadas por Lamarck para descrever a transformação das espécies eram *progressão* ou *aperfeiçoamento*.

** Ver *Das Luzes ao sonho do doutor Frankenstein*, Capítulo 4.

A mais importante referência na formação de Lamarck foi Georges Louis Leclerc, conde de Buffon (1707-88). Ao se tornar seu amigo e mestre, Buffon abriu algumas portas, indicando Lamarck para a Academia de Ciências e convidando-o a trabalhar como botânico no Jardim do Rei, nome dado ao jardim botânico de Paris antes da Revolução. A partir da última década do século XVIII, Lamarck começou a estudar também zoologia, participando da equipe do novo Museu de História Natural, em 1793.

O sistema evolucionista criado por Lamarck era bastante complexo. Assim como Newton, ele acreditava num Deus criador de uma natureza regular, que podia ser descrita por leis. Entretanto, essa criação não terminara, estava aberta às transformações. No início de sua carreira, Lamarck não aceitava a geração espontânea, mas a proximidade de círculos defensores dessa tese o converteram em espontaneísta, e essa idéia se transformou em um dos principais pilares de sua teoria progressista.

Na fase evolucionista, Lamarck escreveu duas grandes obras. Na primeira, *Filosofia zoológica*, de 1809, enunciou duas leis que explicariam o processo de transformação dos seres vivos, conhecidas como lei do uso e desuso e lei da herança do adquirido. A primeira afirmava que o uso contínuo de um determinado órgão propiciaria seu desenvolvimento, e sua não-utilização, uma atrofia. A segunda completava a primeira, indicando que as transformações produzidas pelo desenvolvimento ou atrofia desses órgãos poderiam ser transmitidas às gerações seguintes, passando a fazer parte das características da descendência, desde que fossem assimiladas tanto pelos machos como pelas fêmeas.

As mudanças não se manifestariam logo, necessitando de longo tempo para serem assimiladas. Portanto, não bastaria que um determinado ser vivo adquirisse uma nova característica para que seus descendentes diretos a assimilassem. Esse desenvolvimento deveria ser comum a todo um grupo, que passaria por transformações durante um longo período.

Na segunda obra da fase evolucionista, denominada *História natural dos animais sem vértebras* e editada em vários volumes, entre 1815 e 1822, Lamarck ampliou suas leis para quatro, completando as já existentes. Também passou a afirmar que o processo evolutivo dos seres vivos tendia sempre da menor para a maior complexidade. Para Lamarck, os primeiros seres vivos teriam sido os infusórios (seres microscópicos hoje conhecidos como protozoários), que se teriam transformado, aumentando de dimensões e complexidade. Portanto, os seres mais complexos, aqueles de maior massa, tiveram origem, no passado, nesses infusórios. Lamarck acreditava que a geração espontânea só ocorreria no nível microscópico. Cada ser vivo estaria num determinado grau de evolução, já que as gerações espontâneas continuariam nos dias atuais, formando assim a diversidade de seres.

A segunda lei adicionada à *História natural dos animais sem vértebras* referia-se à forma pela qual ocorreria o uso e desuso. Lamarck defendia a idéia de que a transformação no mundo animal partia de uma necessidade vital. Não eram os processos internos ao corpo que produziam as transformações, mas necessidades geradas no meio externo. Nesse aspecto reside uma influência clara da *Naturphilosophie* que fazia Lamarck perceber uma harmonia entre os seres vivos e sua circunstância. Logo,

✧ Geração de seres segundo Lamarck ✧

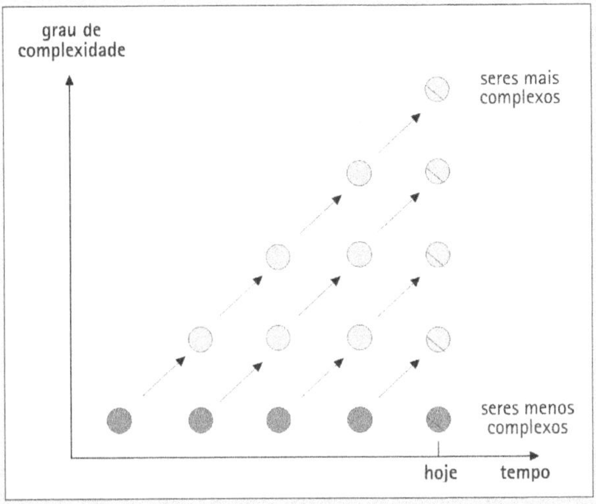

O eixo horizontal mostra o tempo, enquanto o vertical indica o grau de complexidade. A última coluna denotaria a diversidade atual, sendo os seres mais complexos aqueles gerados há mais tempo. O fato de classificar os seres segundo níveis de complexidade mostra a crença de Lamarck numa escala hierárquica, própria do pensamento teleológico.

✧ Série evolutiva de Lamarck ✧

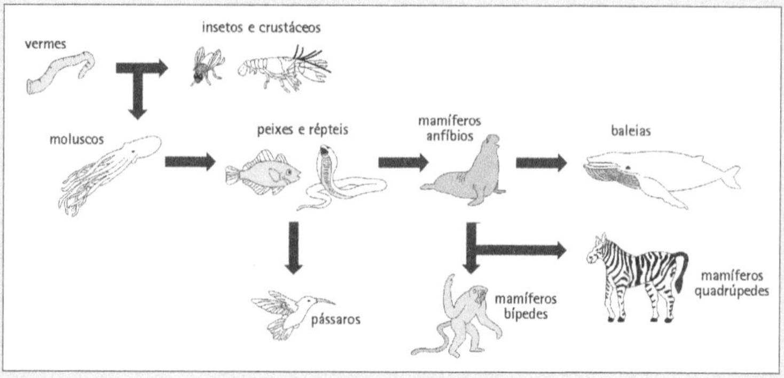

A escala evolutiva de Lamarck para os animais era quase linear, possuindo poucas ramificações. Como não acreditava em espécies, mas em seres, suas ramificações separavam-se em grandes grupos. Para Lamarck, a idéia de espécie era abstrata, apenas um nome criado para identificar um pequeno conjunto de seres. Contrariamente às séries de Aristóteles e de Bonnet, Lamarck separava claramente os reinos animal e vegetal e estes dos corpos inertes.

qualquer alteração nos seres seria em resposta a uma transformação ambiental.

Um dos grandes problemas do sistema de Lamarck era não tentar explicar o processo da hereditariedade, isto é, como as características eram passadas aos descendentes. Essa era uma questão aberta, que ainda não fora estudada de forma sistemática pelos naturalistas da época. Porém, ela se tornaria crucial no final do século, quando uma corrente denominada neolamarckismo se confrontou com o darwinismo.

Apesar de não sofrer preconceitos religiosos mais diretos na França, Lamarck enfrentou sérios conflitos ideológicos com Georges Cuvier (1769-1832). O fato de Cuvier ocupar diversos postos políticos no período napoleônico fez com que Lamarck fosse perseguido pelo colega. Ele deixou a cátedra em 1820, morrendo cego e pobre, aos 85 anos. Seus últimos trabalhos foram ditados, tendo seus filhos se encarregado da escrita e da publicação.

Charles Darwin

Charles Darwin (1809-82) nasceu na Inglaterra, numa família de médicos. Sua mãe morreu quando ele tinha nove anos. O avô paterno, Erasmus, além de renomado médico, era naturalista. O pai, Robert, também médico, desejava ver seu filho seguir a mesma carreira. Charles entrou para a Faculdade de Medicina da Universidade de Edimburgo, em 1825. A fama dessa escola era grande, o que justificava o deslocamento do jovem para a Escócia. Lá, entrou em contato com importantes professores, que muito influenciaram na construção de sua visão de natureza.

Em 1826, Darwin filiou-se à Sociedade Pliniana, um grupo de alunos e professores que se reunia para discutir temas filosóficos que iam da criação dos seres vivos segundo leis físicas a questões relativas à importância da moral cristã anglicana. Tornou-se amigo e colaborador de Robert Grant (1793-1874), importante estudioso dos invertebrados marinhos, com quem realizou investigações sobre conchas e ostras em laboratório.

Grant conhecia a obra de Lamarck e compartilhava de sua visão transformista. Entretanto, discordava do naturalista francês em um ponto-chave: a separação entre os reinos animal e vegetal. Para confirmar sua tese, estudava diversos espécimes de hidrozoários, considerados, na época, intermediários entre vegetais e animais. Possivelmente foi nesse contato que Darwin tomou conhecimento da obra de Lamarck, já que não dominava o idioma francês.

O jovem não se interessava por medicina e considerava sua paixão pela história natural um *hobby*. Em 1827, decidiu abandonar o curso, matriculando-se na Universidade de Cambridge para realizar estudos teológicos e tornar-se pastor anglicano. Na universidade inglesa, freqüentava diversos seminários ministrados por professores ligados a assuntos alheios à sua carreira. Assim, estudou botânica com John Henslow (1796-1873), e geologia com Adam Sedgwick (1785-1873). Ambos, além de pastores, eram naturalistas bem treinados e defensores das teorias catastrofistas.

Darwin também estudou filosofia da ciência com William Whewell (1794-1866) e John Herschel (1792-1871), o que o auxiliou na construção de uma metodologia científica. Esses contatos fizeram com que passasse a fazer parte de um importante círculo de naturalistas britânicos profissionais, que acompanhava em diversas excursões. Cursos e viagens deramlhe uma formação teórica e prática de naturalista.

Em 1831, Darwin formou-se na Universidade de Cambridge com a terrível sensação de perda de tempo, pelo menos no que se referia aos estudos universitários. Sua vida ganhou novo rumo ao ser informado por Henslow de uma vaga para jovens naturalistas num navio que partiria para uma volta ao mundo, efetuando estudos geográficos e cartográficos. Apesar de ser um posto não remunerado, a viagem poderia fornecer importantes conhecimentos para um início de carreira como naturalista. Superando uma primeira resistência de seu pai, Darwin embarcou em dezembro de 1831 numa viagem que mudaria para sempre sua vida.

A viagem do *Beagle* durou cinco anos. No início, Darwin tinha interesse maior pelas questões geológicas. Com o passar do tempo, foi ampliando suas observações no campo da botânica e da zoologia. O impacto causado pela leitura do primeiro volume de *Princípios de geologia*, escrito por Charles Lyell (1797-1875), convenceu-o da não validade do catastrofismo. Lyell defendia em seu livro que a Terra passara por mudanças lentas e graduais, e que as forças em ação hoje seriam as mesmas do passado. Essa concepção, denominada *uniformitarismo*, ficou ainda mais forte no pensamento de Darwin depois que ele recebeu o segundo volume do livro, já em Montevidéu, no Uruguai. As novas idéias vindas da Inglaterra e as primeiras observações feitas durante a viagem encaixavam-se.

Ao longo da viagem, Darwin foi coletando diversos espécimes de animais, plantas e rochas, e arquivando-os em caixas que enviava à Inglaterra pelos navios que encontrava nos portos. Os espécimes eram endereçados a Henslow, que fazia deles uma primeira análise, de forma que, ao regressar, o viajante encontrou um vasto material de estudo.

Darwin foi um escritor compulsivo. Além das coletas, procurou também anotar suas observações num diário, refletindo sobre tudo o que via. Em certos momentos, suas descrições sobre flora, fauna e formação geológica das terras visitadas eram objetivas; em outros casos, fez observações quase poéticas sobre a sensação de estar num mundo completamente diferente do seu. Nas duas passagens pelo Brasil, ele viu o país a partir de dois olhares. O primeiro, no início da viagem, refletia o deslumbramento com a terra. O segundo, cinco anos mais tarde, registrava e denunciava o cotidiano da escravidão no país.

A construção de uma teoria

Após o retorno da viagem, em 1836, Darwin passou a escrever livros e artigos. Primeiro publicou um diário de sua viagem, a exemplo de Alexander von Humboldt (1769-1859), que escrevera *Viagem às regiões equinociais do novo continente* entre 1807 e 1832, e que o havia inspirado durante a viagem do *Beagle*. Darwin relatava as observações realizadas mesclando olhar científico a uma descrição quase literária. Depois escreveu artigos específicos sobre os corais (1842), as ilhas vulcânicas (1844) e a geologia da América do Sul (1846). A partir de 1846, começou a se dedicar à zoologia.

Apesar de conhecedor do pensamento transformista, Darwin não era adepto convicto dessas idéias. Segundo ele, faltava uma fundamentação conclusiva para o processo de adaptação das espécies. A análise das observações registradas durante a viagem e uma soma de diversos outros fatores de cunho filosófico começaram a dar forma ao pensamento evolucionista de Darwin.

A primeira ruptura já ocorrera durante a viagem, a partir do confronto entre as primeiras observações geológicas e os escritos

✧ A primeira visita ao Brasil ✧

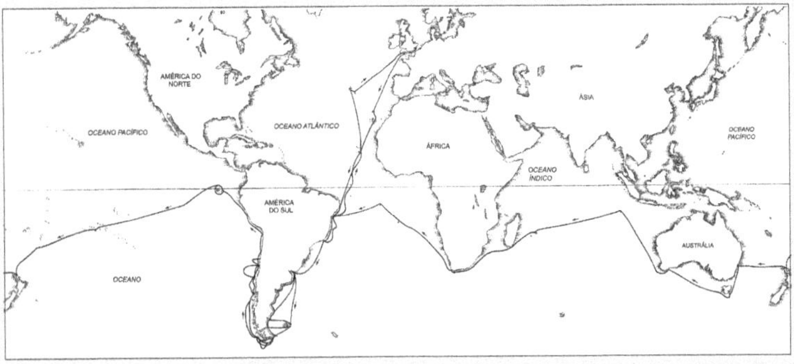

"19 de abril de 1831

Durante todo o resto de minha permanência no Rio de Janeiro, residi em uma quinta na enseada de Botafogo. Era impossível desejar coisa mais deliciosa que passar assim algumas semanas num país tão magnífico. Na Inglaterra, qualquer pessoa amiga da história natural sempre tem, nos passeios, alguma coisa que lhe atraia a atenção; mas aqui, na fertilidade de um clima como este, são tantos os atrativos que não se pode nem mesmo dar um passo sem lamentar a perda de uma novidade qualquer. ...

Todos já ouviram falar da beleza do cenário da enseada de Botafogo. A casa em que me achava hospedado estava bem debaixo da conhecida montanha do Corcovado. ... Nada mais admirável que o efeito dessas colossais massas redondas de rocha nua emergindo do seio da mais luxuriante vegetação."

Charles Darwin, *Viagem de um naturalista ao redor do mundo*

✧ Impressões sobre a escravidão ✧

"19 de agosto de 1836

No dia 19 de agosto deixamos finalmente as costas do Brasil. Dou graças a Deus, e espero nunca mais visitar um país de escravos. Até o dia de hoje, sempre que ouço um grito distante, lembro-me vivamente do momento doloroso que senti quando passei por uma casa em Pernambuco (Recife). Ouvi os mais angustiosos gemidos, e não tenho dúvida nenhuma de que algum miserável escravo estava sendo torturado. Entretanto, sentia-me tão impotente quanto uma criança, até mesmo para dar demonstrações. Julguei que os gemidos partiam de um escravo trucidado, pois me disseram ser esse o caso, em outra ocasião. No Rio de Janeiro, morei em frente de uma velha senhora que possuía parafusos para comprimir os dedos de suas escravas. Estive numa casa onde um jovem mulato sofria, diariamente e a cada hora, aviltamentos, castigos e perseguições suficientes para despedaçar o espírito mesmo do animal mais desgraçado. E esses atos são praticados e paliados por homens que professam amar ao próximo como a si mesmos, que dizem crer em Deus e oram para que Sua vontade se faça sobre a Terra."

Charles Darwin, *Viagem de um naturalista ao redor do mundo* de Charles Lyell. Naquele momento, Darwin colocou-se contra as mudanças radicais na natureza, como aquelas pregadas pelos defensores do catastrofismo, tornando-se um uniformitarista. Essa opção extrapolava o ponto de vista geológico, abarcando também o campo biológico.

A segunda ruptura veio com a leitura, em 1838, de *Ensaio sobre os princípios da população*, de Thomas Maltus (1766-1834). Nesse livro, o economista inglês defendia a idéia de que o aumento da produção de alimentos se dava em progressão aritmética (1, 2, 3, 4, ...), enquanto a população crescia em progressão geométrica (1, 2, 4, 8, 16, ...). Isso acarretaria uma luta pela vida. Todo o pensamento biológico anterior, mesmo o evolucionismo de Lamarck, pregava uma harmonia na natureza. Tanto a cadeia dos seres projetada pelo Criador, segundo a teologia natural, como os processos de adaptação pensados por Lamarck previam uma completa harmonia entre os seres vivos, e deles com o meio ambiente.

A partir da leitura de Malthus, Darwin começou a pensar que o processo de luta pela vida poderia ser estendido a todos os seres vivos. Com isso rompeu com a idéia de harmonia na natureza. A transmutação dos seres seria conseqüência de um processo de seleção natural, em que os mais aptos sobreviveriam, podendo se reproduzir.

Darwin conhecia um processo similar a esse, feito por criadores de animais que costumavam cruzar somente espécimes que tivessem características vantajosas segundo seus objetivos. Com isso, após diversas seleções em gerações sucessivas, todos os indivíduos nasceriam com a característica desejada. Assim, ele imaginou que, na natureza, poderia acontecer algo semelhante.

Numa mudança do ambiente, só sobreviveriam os indivíduos que possuíssem características vantajosas. Assim, depois de diversas gerações, ocorreria uma seleção natural. Darwin, contrariamente a seu avô, procurou reunir uma grande quantidade de evidências coletadas na viagem para confirmar sua tese evolucionista e o processo pelo qual essa transmutação ocorreria.

Apesar de defender o processo da seleção natural como principal mecanismo da transmutação das espécies, Darwin não negava a herança dos caracteres adquiridos proposta por Lamarck. Ele elaborara uma tese, denominada *Pangênese*, que procurava explicar a hereditariedade. Segundo essa tese, as células transmitidas, através da reprodução, ao novo ser, seriam formadas de moléculas provenientes de diversas partes do corpo. Essas moléculas trariam informações que seriam transmitidas às gerações seguintes. Portanto, nesse modelo, as transformações sofridas em cada parte do corpo do macho e da fêmea seriam incorporadas pelos descendentes, o que confirmaria a herança adquirida de Lamarck.

No que tange à hereditariedade, Darwin não se opunha, portanto, ao modelo transformista de Lamarck, acreditando que este complementava o processo de seleção natural. Entretanto, alguns anos mais tarde, os modelos seriam confrontados por biólogos seguidores dos dois mestres.

Carta para o senhor Darwin

Na primavera de 1858, Darwin recebeu a carta de um naturalista com o qual já vinha se correspondendo há algum tempo e que compartilhava de suas idéias evolucionistas. Alfred Russel Wallace (1823-1913) estava em viagem de pesquisa pelas ilhas Molucas, um arquipélago entre os oceanos Índico e Pacífico. Na carta, Wallace contava a Darwin que lhe ocorrera uma idéia: o processo de transformação das espécies poderia se dar por seleção natural, pois as condições ambientais poderiam favorecer de forma diferenciada os indivíduos de uma mesma espécie. Os mais aptos tenderiam a levar vantagem sobre os outros.

Além de narrar sua tese, Wallace pedia a Darwin que fizesse chegar a carta às mãos de Lyell, para que ambos discutissem sua validade. Darwin escreveu a Lyell em junho de 1858, dizendo-se constrangido pela grande semelhança entre as teses. Citava um manuscrito por ele escrito em 1842, mas ainda não publicado, em que apresentava as mesmas idéias. Lyell aconselhou-o a fazer uma comunicação à Sociedade Lineense de Ciências apresentando a tese como de autoria dos dois naturalistas.

Darwin fez isso ainda em 1858, e no ano seguinte publicou seu livro, *A origem das espécies e a seleção natural*. Nessa obra, procurava apresentar o mecanismo de seleção natural com o máximo de evidências possíveis. Wallace reconheceu, anos mais tarde, a importância de Darwin na fundamentação desse mecanismo. O fato de ter conseguido apresentar como ninguém uma grande quantidade de evidências em prol da seleção natural deu a Darwin a primazia da descoberta durante muitos anos. Hoje, a história da ciência reconhece a importância de Alfred Wallace como co-criador daquela que é chamada de teoria da evolução por seleção natural.

O fato de Wallace ter chegado de forma independente às mesmas idéias de Darwin pode causar alguma perplexidade.

Entretanto, é possível explicar isso, em parte, por ambos compartilharem o mesmo ambiente científico. O círculo de naturalistas britânicos era muito reduzido. Todos se conheciam, trocavam correspondências, faziam excursões em grupos e liam os mesmos livros. Wallace e Darwin conheciam Lyell pessoalmente, haviam lido Humboldt e Malthus. Wallace lera também o diário de viagem escrito por Darwin. Este já escrevera uma carta a Wallace, em 1856, comentando um artigo que o colega produzira para a revista *Annals and Magazine of Natural History* e concordando com suas idéias sobre a transmutação das espécies. Portanto, o fato de ambos chegarem ao mesmo mecanismo para explicar a transmutação das espécies não é de causar espanto. Com influências comuns, diálogos comuns e leituras comuns, havia uma grande probabilidade de desenvolverem idéias comuns.

A condição humana

Darwin evitou abordar o estatuto do homem na natureza até 1871, quando editou o livro *A ascendência do homem e a seleção sexual.* Por essa época, os paleontólogos já vinham estudando espécimes humanóides fossilizados de grande datação, o que apontava para a inclusão do homem nos estudos da transmutação das espécies. Com essa obra, as críticas provenientes dos partidários da teologia natural, defensores do criacionismo e do desígnio divino, aumentaram significativamente. Além do evolucionismo de Darwin apresentar o homem como apenas mais um ser vivo presente na Terra, sem nada que o colocasse em posição de superioridade relativa aos outros animais, havia ainda o fato de que o mecanismo de seleção natural abolia completamente qualquer explicação de cunho teleológico.* Como um processo aleatório, sem qualquer finalidade implícita, a evolução havia caminhado de um ser primário em direção à diversidade atual.

✧ A árvore da evolução segundo Darwin ✧

Contrariamente a Lamarck, para quem o processo evolutivo era quase linear, com o homem no ponto mais alto, Darwin pensava esse processo se abrindo em várias vertentes, como numa árvore em que de um mesmo caule saem vários galhos, e depois ramos. O homem seria apenas uma espécie no contexto da diversidade produzida com o passar do tempo.

* Explicações que supõem uma finalidade para todos os fatos. Para maior esclarecimento sobre o pensamento teleológico, ver *Das Luzes ao sonho do doutor Frankenstein*, p.108.

As teses de Darwin também rompiam com alguns fundamentos presentes nos sistemas filosóficos de então. O Iluminismo, ao se confrontar com a filosofia cristã e preconizar que a razão científica deveria ser considerada a medida de todas as coisas, também partia da supremacia do homem na natureza, por ser ele o único a possuir tal faculdade. Portanto, Darwin tocava em questões muitos mais profundas que o simples problema religioso. Ele retirava o calcanhar-de-aquiles da filosofia.

Debates do fim do século

A enorme quantidade de evidências apresentadas em seus livros para confirmar a tese da seleção natural não representou uma pronta aceitação do evolucionismo de Darwin. As críticas eram de diversos matizes, desde as de cunho puramente religioso até as científicas.

As primeiras críticas provinham do conservadorismo das igrejas protestantes britânicas, que defendiam uma leitura literal dos textos bíblicos e possuíam grande poder nos meios filosóficos e científicos. Os católicos, mais numerosos no continente, já não exerciam influência tão decisiva nos meios científicos durante a segunda metade do século XIX — o movimento iluminista diminuíra tal poder. O embate religioso se concentrava basicamente na crítica à transmutação das espécies, em favor de um modelo fixista e criacionista.

Darwin evitou o confronto direto. Seu respeito pela religiosidade de Emma Wedgwood, sua prima e esposa, fazia-o furtar-se aos debates sobre os temas mais polêmicos da tese evolucionista. Além disso, uma grave doença contraída durante a viagem do

Beagle o atormentou até os últimos dias, tornando-o bastante recluso.* Seu amigo Thomas Henry Huxley (1825-95) se encarregava dessa tarefa, freqüentando os diversos debates agendados nas academias de ciências para a discussão das novas idéias.

As críticas a Darwin nos campos filosófico e científico estavam calcadas em dois aspectos. O primeiro deles referia-se ao estatuto do homem no mundo. A revolução darwinista era tão devastadora que chegava a romper com algumas bases da ciência moderna estabelecidas no século XVII. O acaso presente em sua proposta era incompatível com a harmonia que se acreditava existir na natureza. O evolucionismo de Lamarck, ao contrário, mantinha intocado esse ponto. A idéia de harmonia articulava-se com a concepção finalista que estava na raiz de diversas teorias elaboradas anteriormente, na época consideradas fundamentos da ciência moderna. Por isso, a aleatoriedade do mecanismo da evolução e a luta pela vida eram criticadas por boa parte dos naturalistas.

Durante as décadas finais do século XIX, esse foi um dos principais empecilhos à total aceitação da tese da seleção natural nos meios científicos. O curioso é que a aleatoriedade da seleção natural acabaria recebendo um reforço, no plano científico, de grupos católicos reunidos sob o nome de Sociedade Científica de Bruxelas, que se tornaram, a partir dos anos 1880, os maiores defensores de uma ciência probabilística, em oposição ao determinismo.

* Embora não fosse conhecida na época, acredita-se hoje, por meio de relatos sobre os sintomas, que Darwin tenha contraído a doença de Chagas durante sua viagem.

Liderados pelo padre jesuíta Ignace Carbonelle (1829-89), esses cientistas passaram a criticar o ideal determinista de Laplace (1749-1827), de que bastaria conhecer as condições iniciais e as funções que descrevessem os fenômenos do Universo para que todo passado e futuro pudessem ser determinados. O determinismo desagradava a esse grupo católico por contrariar a idéia de livre-arbítrio presente na filosofia cristã. Em diversas áreas da ciência, os modelos deterministas começaram a receber críticas em prol de uma ciência probabilística, sendo a física uma das áreas que mais absorveu críticas e desenvolveu propostas alternativas.

O segundo aspecto de discordância no campo científico estava relacionado ao processo de transformação das espécies. A partir da década de 1880, o evolucionismo já adquirira importância nos meios científicos, e as discussões passaram a se direcionar para os mecanismos que regulavam esse processo. Duas correntes de pensamento travaram um intenso debate biológico-filosófico. Essa discussão teve como conseqüência o surgimento da necessidade de uma explicação mais consistente para o problema da hereditariedade.

A primeira corrente evolucionista ficou conhecida como neolamarckista. Apesar de não se caracterizar como escola de pensamento unitária, pois as divergências entre seus adeptos eram muitas, ela compartilhava a defesa da herança dos caracteres adquiridos como principal mecanismo do processo de evolução. Os neolamarckistas não negavam completamente a seleção natural defendida por Darwin, mas atribuíam a ela papel secundário. A heterogeneidade desse grupo era grande, já que ele abarcava desde espiritualistas — que defendiam a existência de uma força interna ou um princípio vital nos seres humanos — até aqueles puramente materialistas — que negavam qualquer explicação considerada metafísica. Ao longo dos últimos anos do século XIX, a visão espiritualista foi perdendo terreno, nos debates científicos, para a materialista, com forte influência positivista.

A segunda tese que ganhou força paralelamente ao neolamarckismo, mas com um amistoso diálogo com ele, foi a *ortogênese.* Seus defensores, liderados pelo botânico suíço Karl Von Nägeli (1817-91) e por Theodor Eimer (1843-98), acreditavam existir um princípio interior que guiaria o processo evolutivo rumo a um aperfeiçoamento das espécies. Enquanto Nägeli, em um livro de 1884, defendia que esse princípio pudesse agir independente da ação do meio, Eimer, em 1888, preconizou uma linha mais próxima do neolamarckismo, segundo a qual a influência de fatores como luz, calor e nutrição poderiam mediar o processo. Ambos negavam o acaso, apresentando modelos teleológicos para o processo evolucionista, numa visão de aperfeiçoamento das espécies.

Uma terceira corrente ficou conhecida como neodarwinista e surgiu a partir 1882, com os estudos do médico e biólogo alemão August Weismann (1834-1914). Considerado um darwinista radical por seus contemporâneos, preconizava que a seleção natural era o único mecanismo aceitável nas explicações evolucionistas.

Weismann trabalhou na elaboração de uma teoria da hereditariedade, pois acreditava ser essa a chave para a compreensão da evolução. Para o cientista alemão, existiriam dois tipos de células, as geminais e as somáticas. As geminais seriam células armazenadas nos órgãos genitais dos seres vivos que conteriam em seu núcleo a informação genética a ser transmitida às gerações seguintes. As somáticas constituiriam os diversos órgãos dos seres. Portanto, as alterações nos órgãos não seriam passadas às gerações seguintes, por não afetarem as células geminais. O patrimônio genético seria transmitido de geração em geração, enquanto as células somáticas apenas se reciclariam após a corrupção dos seres vivos.

Na defesa de suas concepções e contra os neolamarckistas, Weismann realizou uma série de experimentos com ratos, cortando o rabo de machos e fêmeas por gerações seguidas, e mostrando não haver qualquer alteração nas gerações subseqüentes. Esse experimento, considerado primário na época, era rechaçado pelos neolamarckistas, pois estes consideravam não se tratar de transformação adaptativa do ser vivo ao meio, mas de mutilação.

O debate entre as correntes não se resolveu no século XIX. A necessidade de uma melhor compreensão dos mecanismos da hereditariedade apresentava-se como necessidade premente. A supremacia da seleção natural só foi admitida completamente no século seguinte, quando informações vindas do novo campo aberto pela genética começaram a alterar o rumo das discussões em favor de Darwin.

Darwinismo social

Existem homens de ciência que marcam a história da sua área com alguma nova idéia ou um processo experimental revolucionário. Outros dão contribuições de grande importância que extrapolam sua ciência e acabam influenciando as demais.

Entretanto, existem alguns cujas contribuições, apesar de se darem no âmbito de uma ciência particular, tendem a influenciar a própria forma como o homem vê o mundo. Este foi o caso de Darwin.

Assim como a mecânica de Newton influenciou as sociedades européias e suas colônias ao longo do século XVIII, o darwinismo extrapolou o campo biológico e se espalhou por diversas áreas do conhecimento. Após a publicação da *Origem das espécies* em 1859, diversos filósofos escreveram a respeito do estatuto do homem e sobre as relações sociais a partir da teoria darwiniana. Algumas correntes sociológicas e antropológicas ganharam enorme destaque nos debates que se seguiram.

A primeira delas foi a do darwinismo social britânico, que teve como grande propagador o filósofo autodidata Herbert Spencer (1820-1903). Sua proposta consistia em aplicar algumas das idéias de Darwin à sociedade, criando um *laissez-faire* social em que os indivíduos deveriam ser abandonados a sua própria sorte, não necessitando de ajuda do Estado nem de sua regulamentação. Na luta pela vida, os mais aptos venceriam e produziriam o desenvolvimento da sociedade.

Como conseqüência dessa interpretação, Spencer substituiu a expressão "seleção natural" por "sobrevivência do mais apto", e começou a utilizar o termo "evolução" de maneira mais sistemática para denominar o processo de transmutação das espécies. No campo biológico, embora aceitasse a seleção natural como possibilidade, ele continuava a admitir a herança dos caracteres adquiridos como principal mecanismo evolutivo.

O darwinismo social britânico articulava-se com o liberalismo defendido pelos industriais do período vitoriano. Como o Parlamento discutia formas de protecionismo para os produtores rurais, os industriais se opunham a essa medida, porque o preço alto dos grãos iria incitar a luta por melhores salários nas cidades. O darwinismo social dava suporte ideológico à nascente burguesia industrial, que almejava conquistar a hegemonia social, acreditando que, se deixasse a livre concorrência selecionar os mais aptos, a balança do poder penderia a seu favor. A própria luta pela aceitação do darwinismo como teoria biológica nos círculos intelectuais britânicos passava por esse embate social, já que o conservadorismo das igrejas que se opunham às novas idéias tinha forte base no campo.

A segunda corrente que teve alguma importância nos debates sociológicos britânicos foi aquela que introduziu um novo elemento ao darwinismo social: a eugenia. Desenvolvida por um dos primos de Darwin, o antropólogo Francis Galton (1822-1911), defendia que algumas políticas poderiam causar a degenerescência da sociedade, por criar mecanismos compensatórios que protegiam seres menos aptos para a sobrevivência no meio social. Seus estudos apontavam para uma nova política que previa exatamente o contrário, isto é, uma seleção artificial que incentivasse as características dos considerados mais aptos, e o abandono dos seres vistos como incapacitados para o desenvolvimento social.

Galton dedicou-se ao estudo da antropometria, área que acreditava determinar as medidas de partes do corpo humano que definiriam as raças e apontariam características de potenciais criminosos.

Na Alemanha, o zoólogo Ernst Haeckel (1834-1919) também se notabilizou pela criação de uma corrente paralela às duas primeiras, denominada darwnismo social. Haeckel teve enorme influência tanto nos meios científicos quanto populares, por ser um exímio escritor e divulgador da ciência. Ao contrário de Spencer, era biólogo, chegando a realizar diversos estudos na área. Sua obra biológica aceitava fundamentos do lamarckismo e incorporava a tradição filosófica alemã da *Naturphilosophie*. Essa influência o fez cunhar o termo "ecologia" para expressar uma visão de interdependência dos sistemas biológicos.

A mais importante contribuição de Haeckel para o debate da época foi a idéia de que a transformação dos embriões em seres adultos (ontogenia) recapitulava o processo de transformação dos seres adultos em sua ascendência (filogenia) ao longo do processo evolutivo. No campo antropológico, foi defensor do processo de seleção natural para indivíduos, chegando a defender a eugenia, a supremacia das raças mais aptas para o "desenvolvimento social". A influência de Haeckel no campo biológico foi grande. Muitas de suas idéias no plano social serviram de base ideológica ao movimento nazista que se disseminou pela Alemanha no século XX.

9

A VIDA NO MUNDO MICROSCÓPICO

✧ ✧ ✧

Com o desenvolvimento dos microscópios, um novo mundo se abriu para botânicos, zoólogos e naturalistas. Outros seres foram descobertos, e novas estruturas puderam ser observadas. O mundo microscópico teve importante papel no desenvolvimento da biologia ao longo do século XIX. Vamos aqui tratar apenas de alguns deles. Outros problemas de grande importância, como o do nascimento dos estudos sobre a hereditariedade, serão deixados para o próximo volume, em que recuaremos um pouco até o século XIX, no sentido de resgatar algumas das questões que ficaram para trás.

Geração espontânea: o debate continua

A questão da geração espontânea já possuía uma longa história de debates que vinha se desenrolando desde a Antigüidade.* O século XVIII vira se avolumarem os estudos nessa área. O advento da microscopia empurrou as controvérsias para o campo dos microrganismos.

---

* Ver volume 2 desta coleção, *Das máquinas do mundo ao universo-máquina*, Capítulo 4.

Num tempo em que a ciência já apontava para a experimentação como juíza suprema da verdade, multiplicaram-se os experimentos com provas e contraprovas. Entretanto, a cada nova evidência encontrada no laboratório, partidários das duas posições – favoráveis à geração espontânea ou não – reinterpretavam os dados experimentais a partir de suas visões de natureza, de forma a não haver um veredicto definitivo. Assim aconteceu com o principal debate do século XVIII, no qual as teses preformistas e epigenéticas se confrontaram nos experimentos de Needham e Spalanzani.*

No século XIX, a tese preformista já não tinha quase adeptos, e os detratores da tese espontaneísta reconheciam apenas que todo ser vivo provinha de outro ser vivo. O fato de aparecerem infusórios em soluções era explicado pela existência de germes ou ovos no ar. Estes, ao entrarem em contato com as substâncias orgânicas, adquiriam as condições necessárias a seu desenvolvimento. Essa tese foi denominada panspermia, que significa "sementes em todo lugar". Os defensores da geração espontânea negavam esse argumento, mas reconheciam que o ar era um fator essencial para o surgimento da vida. Graças a isso, o ar se transformara no ator principal dos debates, e nenhuma experiência poderia ser feita sem ele — o que tornava bastante complicados os processos experimentais que confirmassem uma ou outra tese.

O fato de os germes ou ovos não serem observados diretamente com microscópios levava os espontaneístas a duvidarem

---

* Ver *Das Luzes ao sonho do doutor Frankenstein*, Capítulo 7.

de sua existência. Além disso, levantavam-se por meios experimentais fortes evidências indiretas contrárias à panspermia. Uma delas argumentava que, se existissem ovos e germes na quantidade com que se desenvolviam nos balões de ensaio dos laboratórios, isso deixaria o ar tão turvo que dificultaria a própria observação. A outra afirmava que a queda de neve no inverno deveria arrastar uma enorme quantidade desses germes para o chão. Entretanto, nada se observava quando os cientistas investigavam as diversas camadas de neve depositadas no solo. A questão não era simples, e os experimentos necessitavam de uma boa dose de engenho e habilidade.

Um novo capítulo dessa história foi escrito no século XIX, quando um verdadeiro julgamento se estabeleceu, envolvendo dois eminentes biólogos franceses. Disputas políticas, filosóficas e religiosas foram colocadas à mesa, ao lado dos experimentos, chegando aos jornais e aos debates nas ruas.

O primeiro personagem dessa controvérsia foi o médico Felix Archimède Pouchet (1800-72), eminente naturalista francês e diretor do Museu de História Natural de Rouen. Em 1858, Pouchet fez uma comunicação à Academia de Ciências de Paris relatando experimentos que comprovavam a geração espontânea. Um ano mais tarde, em 1859, publicou uma obra polêmica, denominada *Heterogenia* ou *Tratado da geração espontânea*. Nela fazia um histórico das discussões travadas até então e, apesar de discutir as questões metafísicas que estariam por trás desses debates, procurava apresentar evidências experimentais de sua tese.

Pouchet indicava a possibilidade de surgirem novos seres vivos microscópicos a partir da matéria orgânica, advertindo, entretanto, não ser mais possível, em pleno século XIX, acreditar numa geração espontânea nos moldes daquela aceita na Idade Média ou no século XVII, envolvendo seres vivos de maiores dimensões. Mas, no plano microscópico, a heterogenia — geração a partir de um ser diferente daquele que foi gerado — era possível. Ao longo de sua vida, Pouchet realizou diversos experimentos para mostrar evidências da tese espontaneísta, junto com colaboradores mais jovens, como Nicolas Joly (1812-1925) e Charles Musset (m.1880). Após se desenvolverem as primeiras experiências, os opositores começaram a denunciar que os resultados se deviam a erros de manipulação experimental. Cabia propor novos experimentos.

O segundo personagem dessa polêmica foi o químico francês Louis Pasteur (1822-1895). Contrariamente a Pouchet, que já passava dos 60 anos na época do debate, Pasteur ainda não chegara aos 40 anos. Após trabalhar para uma indústria na solução de problemas ligados à fermentação, ele se interessou pela geração espontânea ao defender a existência de microrganismos nos processos de fermentação, ficando intrigado com sua multiplicação. Seria meramente por reprodução rápida, ou nasceriam novos seres por geração espontânea?

Pasteur não acreditava na possibilidade de geração espontânea. Depois da publicação do livro de Pouchet sobre a heterogenia, em 1859, ele passou a se dedicar ao problema, acreditando que a aparição de novos seres estava relacionada com a existência de microrganismos no ar. Como exímio experimentador, começou a propor ensaios de verificação que se opunham à tese espontaneísta. Para derrubar essa tese, seria necessária a realização de um experimento crucial que resolvesse definitivamente a questão.

✧ EXPERIMENTO – *O balão com pescoço de cisne*

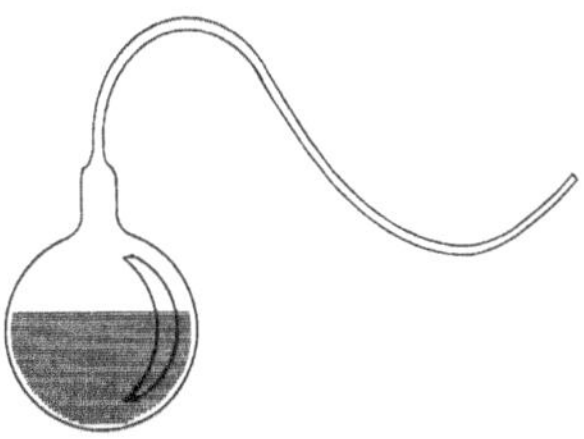

"Coloquei em frascos de vidro os seguintes líquidos, todos facilmente alteráveis em contato com o ar comum: suspensão de levedo de cerveja em água, suspensão de levedo em água com açúcar, urina, suco de beterraba, água de pimenta; aqueci e puxei o gargalo do frasco, de maneira a dar-lhe várias curvas; deixei o líquido ferver durante vários minutos, até que os vapores saíssem livremente pela estreita abertura superior do gargalo, sem tomar outra precaução. Em seguida deixei o frasco esfriar. É uma coisa notável, capaz de assombrar qualquer pessoa acostumada com a delicadeza das experiências relacionadas à geração espontânea, o fato de o líquido em tal frasco permanecer imutável indefinidamente."

Louis Pasteur, *Oeuvres complètes*

O primeiro passo a se dar, sugerido pelos panspermistas, seria tentar aquecer as soluções nos recipientes a ponto de esterilizá-las, vedando em seguida os frascos para que novos ares não entrassem em contato com a solução. Os heterogenistas não concordavam com esse método, por acreditarem que o aquecimento do ar atmosférico no interior do frasco modificaria suas propriedades químicas, fator preponderante para a geração da vida. Todos concordavam, portanto, que esse tipo de metodologia não resolvia o problema. Caberia pensar em outros métodos que não envolvessem aquecimento em excesso. O ar deveria ser mantido à temperatura ambiente.

Pasteur primeiro aqueceu as soluções para se certificar da morte dos microrganismos que lá já estivessem depositados. Com o frasco e seu conteúdo já frios, o ar poderia entrar livremente. Entretanto, as curvas do gargalo impediriam que os germes chegassem à solução, ficando ali depositados.

O experimento não convenceu os heterogenistas. Após repetirem-no diversas vezes, não conseguiram encontrar o mesmo resultado em todos eles. O fato de o gargalo com pescoço de cisne criar dificuldades à entrada de germes não impedia completamente que alguns deles chegassem à solução. Os panspermistas tinham de elaborar um novo experimento crucial.

Para provar que os germes estavam no ar, Pasteur procurou mostrar que a contaminação dependia do tipo de ar envolvido na solução. Ele abriu alguns desses balões em diversos pontos de Paris e fora da cidade, deixou entrar o ar e, em seguida, tornou a lacrá-los. Dos 19 balões expostos no anfiteatro da Academia de Ciência, cinco se contaminaram; dos 19 expostos ao ar do campo, 16 ficaram repletos de microrganismos. A impossibilidade de observação direta da existência de microrganismos no ar fazia com que os resultados se limitassem à mensuração estatística.

Os heterogenistas não se convenceram. Teria o ar do campo alguma propriedade específica que explicasse o surgimento de vida? Apesar da evidência apresentada, o desconhecimento sobre a constituição do ar naquela época não permitia um veredicto definitivo.

Pasteur e seus colaboradores continuaram a produzir evidências que reforçassem sua tese. As críticas feitas em relação à quantidade de germes que surgiam nas soluções deveriam ser rebatidas. Os panspermistas admitiam que os germes não poderiam existir no ar em tão grande quantidade quanto aquela que aparecia nas soluções. Para eles, os germes deveriam apenas se multiplicar rapidamente em contato com substâncias orgânicas. Logo, haveria uma certa quantidade limitada de germes no ar. Essa constatação levou-os a concluir que, num pequeníssimo volume, essa quantidade deveria ser mínima, podendo haver até a possibilidade de não existirem esses germes.

Pasteur pensou, então, em realizar uma nova experiência, com pequena quantidade de ar, pois ali haveria o elemento primordial da vida, mas em quantidade limitadíssima. Se os recipientes sempre se contaminassem, os heterogenistas estariam certos. Se nem sempre isso acontecesse, os panspermistas teriam razão.

A Academia de Ciências de Paris propôs um prêmio, denominado Alhumbert, para quem desenvolvesse um experimento que encerrasse a questão. Percebendo a parcialidade dos juízes parisienses, Pouchet se negou a participar do embate oficial.

Pasteur produziu um experimento que julgou crucial para a rejeição definitiva da tese da geração espontânea. Com ajuda de uma lamparina, aqueceu uma solução de 250ml de levedo de cerveja em água e em seguida lacrou o bico do balão. Repetiu a operação, perfazendo 73 balões, e rompeu seu lacre em diferentes altitudes. Abriu o primeiro grupo de balões de ensaio, composto por 20 deles, no sopé do monte Jura. O segundo grupo, composto por 13 balões, foi aberto na subida do monte, a 850m de altitude. O terceiro, também composto de 20 balões, foi aberto no alto do monte, a uma altitude de 2.000m, onde o ar é rarefeito. Levou os balões para a Academia de Ciências e apresentou-os numa seção pública.

Dos 20 balões do primeiro grupo, oito apresentaram microrganismos. Dos 13 abertos a média altitude, somente cinco haviam se alterado. Mas dos 20 abertos no topo do monte, apenas um se contaminara. Pasteur provara estatisticamente que, mesmo havendo ar em todas as localidades, condição básica para o surgimento da vida, segundo os heterogenistas, à medida que este se tornava rarefeito, diminuía a probabilidade de surgimento de microrganismos.

Pouchet e seus colegas não aceitaram as experiências de Pasteur. Procuraram, então, repeti-las nos Pirineus franceses. Colocaram em balões de ensaio 250ml de uma mistura de feno e água filtrada. Com um método de lacre semelhante ao de Pasteur, utilizaram 12 balões. Entretanto, quatro deles se quebraram na viagem. Logo foram abertos quatro, a uma altitude de 2.083m, e outros quatro a 3.000m. Os heterogenistas procuraram repetir o experimento a uma altitude maior da utilizada por Pasteur. Ao retornarem, verificaram que todos eles estavam repletos de microrganismos.

Logo surgiram as críticas de Pasteur. Em primeiro lugar, os panspermistas alegaram que o número de balões de ensaio utilizados era pequeno para uma análise estatística. Depois criticaram alguns detalhes da metodologia experimental.

O debate não ficou resolvido no século XIX. Embora a balança tenha pendido para o lado de Pasteur, muitos anos depois ainda existiam defensores da geração espontânea questionando seus experimentos. Para além dos dados objetivos, entravam em jogo diversos outros fatores.

Tanto Pouchet quanto Pasteur tinham posições conservadoras em relação a política, religião e ciência. Pouchet era protestante, e Pasteur católico. Ambos utilizavam, vez por outra, argumentos religiosos em seus discursos contrários às idéias do rival. A influência política de Pasteur na capital francesa fazia com que a Academia de Ciências lhe desse sempre razão. Além disso, desde Lamarck, a geração espontânea estava associada à idéia de evolução dos seres vivos, e isso era contestado por grande parte dos acadêmicos.

Na realidade, com o tempo, a heterogenia foi perdendo adeptos e prestígio científico. O advento dos debates evolucionistas, a intensificação dos estudos sobre a hereditariedade e as novas informações que chegavam das investigações sobre a divisão celular fizeram com que houvesse menor predisposição em relação à defesa das idéias espontaneístas por parte dos jovens biólogos do final do século. Mais tarde, descobriu-se que a solução utilizada por Pouchet, formada por água e feno, era mais resistente ao aquecimento prolongado que aquelas usadas pelos panspermistas. Se Pasteur houvesse realizado seus experimentos com a mesma solução de Pouchet, teria encontrado resultado similar ao do colega.

O debate Pasteur *versus* Pouchet é um interessante exemplo de como as visões de mundo dialogam com a experimentação. Mesmo tendo clareza de que a experiência é a juíza suprema na ciência, não se pode esquecer que as concepções do cientista sobre a natureza orientam o encaminhamento experimental e balizam a interpretação dos resultados obtidos

Apesar do ocaso da tese da geração espontânea, não foi resolvido o problema do surgimento da vida. Se aceitarmos o fato de que todos os seres provêm de outros seres, ainda fica a pergunta: como surgiram os primeiros seres vivos? O problema fica transferido, portanto, para o passado.

✧ Novas técnicas de conservação de alimentos ✧

Nicholas Appert (1749-1841) foi um confeiteiro que procurou resolver um velho problema ligado à conservação dos alimentos. Não conhecemos ao certo a extensão de seus conhecimentos sobre a questão, apenas sabemos que criou um método, por volta de 1810, no qual aquecia os alimentos no interior de um recipiente a temperaturas próximas de 100ºC, e em seguida os lacrava. O isolamento dos alimentos em relação ao ar mantinha-os conservados durante longo tempo. Sua técnica foi bastante útil ao Exército de Napoleão, e principalmente à Marinha, pois permitia o embarque de alimentos cozidos para as viagens. Somente muitos anos depois, com a teoria panspermista de Pasteur, ficou claro por que a técnica dava certo.

Teoria celular

Desde o século XVII o microscópio era utilizado de forma sistemática na observação dos seres vivos. Com ele, Robert Hooke (1635-1703) descrevera um conjunto de observações em seu livro *Micrografia*, de 1664, sobre a existência de pequenos poros numa fina camada de cortiça. A esses poros chamou de células, pela comparação com as *celas*, locais reservados ao isolamento dos monges nos mosteiros para o descanso noturno. Hooke percebia que estes poros seriam os responsáveis pela compressibilidade da cortiça.

Outros naturalistas voltavam então seus microscópios para vegetais e animais, e também notavam a existência dessas cavidades. Nehemiah Grew (1641-1712) observou-as nos vegetais e publicou seus relatos em 1682. Antony van Leeuwenhoek (1632-1723) constatou a mesma coisa em animais, além de descrever os espermatozóides e óvulos a partir da tese preformista.* Como as cavidades observadas na cortiça, nos vegetais e animais não eram idênticas, elas receberam diversas denominações, como célula, utrículos, vesículas.

Ao longo do século XVIII, as células permaneceram apenas como uma parte das descrições fisiológicas dos seres vivos. Isso devia-se a um caráter técnico, pois — embora o microscópio composto tenha sido inventado por volta de 1600, trazendo um aumento na capacidade de observação em relação ao microscópio simples — esbarrava no problema das aberrações cromáticas que dificultavam sua nitidez. Por essa razão, alguns naturalistas, como Leeuwenhoek, faziam observações com microscópios simples mais de um século após a invenção do composto. Com o desenvolvimento das técnicas de fabricação das lentes, o problema da aberração foi atenuado, no início do século XIX. As células passaram a ser observadas com mais nitidez.

Em 1800, um professor de anatomia da Faculdade de Medicina de Paris publicou uma série de obras nas quais procurava elaborar uma teoria descrevendo os órgãos constituintes do corpo humano como um conjunto de tecidos. Numa época em que os químicos procuravam encontrar os elementos constitutivos da matéria, Xavier Bichat (1771-1802) buscou aplicar raciocínio semelhante para os seres vivos. Seguindo a tradição

---

* Ver *Das Luzes ao sonho do doutor Frankenstein*, Capítulo 7.

do mecanicismo francês, ele observou os órgãos do corpo humano atentamente, com os modernos microscópios da época, e percebeu que existiam conjuntos de células semelhantes que formavam uma espécie de tecido. Considerou-os elementos fundamentais constituintes dos seres vivos, distinguindo 21 tipos diferentes de tecidos no corpo humano.

Muitos naturalistas passaram então a estudar os tecidos de forma mais detalhada. Entretanto, a observação mais atenta das células levou-os a concentrar a atenção naquelas cavidades. Embora diversos biólogos tenham dado passos importantes rumo à construção de uma teoria celular, esta só começou a ser formulada a partir de 1838, por dois biólogos germânicos, Mathias Jacob Schleiden (1804-81) e Theodor Schwann (1810-82). A importância dos dois reside no fato de terem indicado que a célula — e não os tecidos — é a unidade fundamental da vida.

A construção da nova teoria celular foi produto da confluência de dois fatores básicos ocorridos em alguns estados que viriam a compor a Alemanha a partir de 1871. O primeiro, de ordem técnica, estava ligado ao aperfeiçoamento da fabricação de lentes. O segundo relacionava-se à corrente filosófica denominada *Naturphilosophie*,* que influenciou fortemente a formação dos cientistas naqueles estados.

A *Naturphilosophie* se opunha às visões mecanicista e materialista, segundo as quais a natureza deveria ser encarada como uma máquina, e tudo se poderia explicar pelas partículas em movimento. Para a biologia, essa visão era problemática, por não

---

* Ver *Das Luzes ao sonho do doutor Frankenstein*, Capítulo 4, no qual são apresentadas as visões de natureza aqui mencionadas.

conseguir esclarecer o fenômeno da vida. A *Naturphilosophie* defendia que a matéria não era totalmente inerte, possuindo atividade própria em diversos níveis. Os seres vivos se diferenciariam dos inertes por se constituírem de um tipo de matéria com atividade própria, diferente dos outros corpos. Além disso, para os defensores dessa corrente de pensamento, os fenômenos da natureza estariam todos relacionados, de forma que não seria possível separá-los durante a pesquisa.

Tanto o mecanicismo materialista quanto a *Naturphilosophie* tinham adeptos em diversos países. Entretanto, havia hegemonia de cada uma dessas correntes em algumas culturas nacionais. A comunidade científica francesa, herdeira de Descartes, era sobretudo mecanicista e materialista, enquanto a germânica, herdeira de Leibniz, tendia a se alinhar com a *Naturphilosophie*. Isso não impedia que existissem franceses influenciados pela *Naturphilosophie* nem alemães pelo mecanicismo materialista.

Apesar de trabalharem de forma independente, Schleiden, na Universidade de Jena, e Schwann, na de Berlim, tiveram formação similar no contexto germânico. Quando olharam ao microscópio, perceberam que as células não eram apenas um elemento estrutural dos tecidos, mas continham em seu interior uma atividade própria, possivelmente o princípio da vida preconizada pela *Naturphilosophie*. A partir daí, aprofundaram suas investigações sobre o tema e construíram uma nova teoria, que atribuía à célula o papel de elemento fundamental dos seres vivos. Cada célula se caracterizaria por uma dupla função: a primeira, de manutenção de sua existência como um ser independente; a segunda, de contribuir para a sobrevivência do todo, fosse ele vegetal ou animal.

Em meado do século XIX, as observações mostravam uma estrutura celular bem simples, constituída de uma membrana que envolvia a célula, uma substância granulosa, que preenchia seu interior, e um núcleo. Scheiden e Schwan procuraram desenvolver uma tese para explicar a formação de novas células. Eles acreditavam que elas surgiam a partir de uma cristalização da substância existente em seu interior.

Alguns anos mais tarde, com o acúmulo de observações, comprovou-se que essa tese estava errada, pois a formação de novas células ocorria por um processo de divisão celular. O biólogo Rudolf Virchow (1821-82) estabeleceu, em 1855, um princípio geral afirmando que toda célula provém de outra (*omnis cellula* e *cellula*). Esse princípio teve, na época, conseqüências importantes para uma série de discussões travadas em outras áreas, desde as teorias evolucionistas até a geração espontânea.

Considerando-se a célula a unidade básica da vida, ficava difícil sustentar a heterogenia. No campo das teorias evolucionistas, percebia-se que a chave para compreender a hereditariedade deveria provir da célula, pois já se identificara o espermatozóide e o óvulo como células. Somente no final do século XIX se desvendou o papel do núcleo na divisão celular, e, algum tempo mais tarde, começou-se a compreender a hereditariedade.

10

O CAMINHO PARA A SEGUNDA REVOLUÇÃO INDUSTRIAL

✧ ✧ ✧

No desenvolvimento do eletromagnetismo, destacou-se o inglês Michael Faraday (1791-1867). A trajetória profissional desse personagem foi de alguma forma marcada por sua formação religiosa. Ele e toda a sua família eram integrantes da Sandemanian Church. Essa era uma igreja cristã protestante cujos membros participantes aceitavam literalmente as idéias das Sagradas Escrituras, defendendo que Deus criara o Universo e o sustentava. Baseado nessa fé, Faraday defendia a existência de uma harmonia na natureza, derivada da unidade e benevolência do Criador.

A carreira científica de Faraday teve início como auxiliar do laboratório de Humphry Davy. Acompanhando o mestre em uma viagem pela Europa, ele encontrou grandes filósofos naturais da época, como Ampère, Arago, Humboldt, Rumford e Volta. Nessa viagem, além de conhecer as mais importantes discussões científicas do momento, Faraday tomou contato com a *Naturphilosophie.*

No laboratório de Humphry Davy, conheceu amplamente o mundo da ciência, o que lhe permitiu construir seu próprio caminho. Realizou trabalhos em química pura e analítica, com aplicações em problemas tecnológicos, como ligas de aço e vidros ópticos.

Seu interesse pelo eletromagnetismo teve início em 1821. Impulsionados pelos trabalhos de Oersted e Ampère, vários cientistas investigavam o tema. Por isso, naquele ano, os editores de diferentes revistas científicas estavam imersos em um enorme número de artigos com novas experiências e teorias sobre o eletromagnetismo. A confusão era grande, pois muitos dos trabalhos conflitavam entre si.

Richards Phillips, editor dos *Annals of Philosophy*, tentando entender quais experiências realmente se relacionavam a fatos reais, e que teorias os explicavam, pediu ao amigo Faraday que investigasse o assunto e escrevesse um texto a respeito da história do eletromagnetismo. Para cumprir o pedido, Faraday refez experiências, estudou as diferentes teorias e acabou por propor novas investigações.

Ainda em 1821, publicou o artigo "Sobre novos movimentos eletromagnéticos e sobre a teoria do magnetismo", apresentando um experimento em que tanto um fio condutor podia girar livremente em torno a um ímã fixo quanto um ímã podia, em condições apropriadas, girar livremente em torno de um fio condutor fixo. Para Faraday, este e outros experimentos indicavam ser o aspecto rotacional o efeito primitivo do eletromagnetismo.

Faraday e Ampère mantiveram um diálogo por meio de cartas trocadas nos primeiros anos da década de 1820. Eles divergiam sobre algumas explicações a respeito dos fenômenos eletromagnéticos, mas concordavam em muitos aspectos. Ambos consideravam, por exemplo, que o experimento de Oersted não era o fim de um percurso, mas o pontapé inicial de uma nova linha de pesquisa a ser investigada. Para eles, o eletromagnetismo não causava desconforto, como para os mecanicistas, mas indicava a possibilidade de olhar a natureza de uma outra forma.

O diálogo entre Faraday e Ampère permitiu ao primeiro conhecer, em 1825, um trabalho analisando certas situações experimentais, que afirmava que uma corrente elétrica num condutor tendia a induzir, ou seja, produzir uma corrente permanente e de mesmo sentido num outro condutor colocado na vizinhança do primeiro. Acreditando que essa afirmação estava diretamente respaldada por Ampère, Faraday considerou-a verdadeira em suas investigações posteriores.

Novas formas de produção de corrente elétrica

As discussões sobre os possíveis casos de indução interessavam particularmente a Faraday. A experiência de Oersted mostrara que uma corrente elétrica produzia um efeito magnético. Ora, se a unidade era algo fundamental na natureza, por que o inverso não seria possível? A indução se mostrava um caminho possível para encontrar a unidade procurada, e o trabalho de 1825 parecia-lhe indicar passos concretos a seguir.

Buscando evidências experimentais de fenômenos relacionados à indução, Faraday construiu novos experimentos que lhe permitiram, em 1831, mostrar que, ao se introduzir uma barra magnetizada no interior de uma bobina, detectava-se corrente elétrica nessa bobina, ou seja, uma corrente elétrica havia sido ali induzida. Ainda no mesmo ano, realizou experiências que o levaram a concluir que, ao se conectar e desconectar a pilha de um circuito, era possível induzir corrente num outro circuito na vizinhança do primeiro. Suas experiências indicaram também que aquele trabalho continha erros. O efeito da indução era transitório, terminando quando cessava o movimento do ímã, ou quando a pilha ficava permanentemente conectada.

Faraday buscou uma explicação única para as situações evidenciadas em 1831, defendendo que toda indução magnética observada era fruto de indução elétrica. Assumindo como válida tanto a teoria eletrodinâmica de Ampère quanto as proposições do trabalho de 1825, ele explicou que a indução de corrente elétrica decorrente de movimento de ímã era provocada por supostas correntes elétricas existentes no interior do ímã.

Faraday era um cientista que sempre levantava questões experimentais. Por isso, mesmo criando uma explicação física satisfatória, não parou de construir novos experimentos para explorar os possíveis casos de indução. Assim, pouco tempo depois de produzir explicações a respeito dos casos de indução, embora antes de publicá-las, os experimentos apresentaram novos problemas.

Isso o levou ao laboratório, onde realizou um trabalho cuidadoso envolvendo indução de corrente sobre corrente. Nas novas situações criadas, estudou a magnetização provocada em barras sobre as quais havia enrolado dois fios distintos, constituindo os circuitos primário e secundário. Esses experimentos mostraram-lhe que a lei por ele anteriormente estabelecida continha um erro, pois a corrente elétrica induzida no momento em que o contato do circuito era estabelecido apresentava sentido contrário àquele da corrente que a induziu. Ainda reconheceu que, nos casos de indução provocada por movimentos relativos de magnetos e fios condutores, a corrente induzida era, ao contrário do que escrevera inicialmente, oposta àquela do magneto, ou à que o tornara um magneto.

Ao longo das modificações que fazia, Faraday mostrou que o sentido da corrente estabelecida nos fenômenos de indução provocados por movimento relativo de ímãs e fios condutores só poderia ser plenamente explicado, sem contradições experimentais, se considerasse que o sentido da corrente induzida era determinado pelo modo pelo qual o condutor ou o magneto se movimentava.

Em 1831, Faraday corrigiu o manuscrito em que discutia os casos de indução, e finalmente o publicou. Apesar da correção, não encontramos ali uma explicação única e clara para todos os casos de indução. No texto, Faraday se limitou a corrigir as

✧ LINHAS DE FORÇA ✧

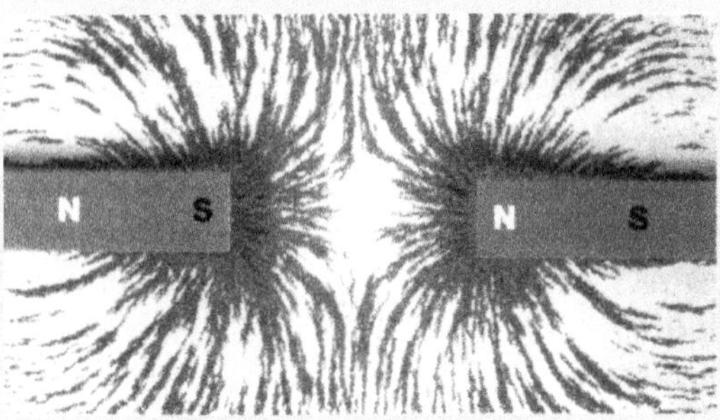

As linhas de força produzidas por esses dois ímãs mapeiam o comportamento de limalhas de ferro colocadas nessa região.

falhas e explicar o caso problemático de indução. Porém, num trabalho publicado pouco tempo depois, o tema foi retomado, e uma lei geral apresentada: toda indução eletromagnética era provocada por corte em linhas de força magnética. Esta foi uma das grandes novidades apresentadas por Faraday.

Ao contrário de todos os que defendiam que a ação elétrica e magnética derivava da ação a distância de elementos de corrente ou partículas magnetizadas, Faraday admitiu que a corrente elétrica que passava pelos condutores e ímãs afetava o espaço ao redor deles. Dessa forma, surgiam à volta desses corpos linhas de forças capazes de mapear o comportamento de limalhas de ferro colocadas em torno dos ímãs ou dos condutores.

Mesmo sabendo que, após encontrar contradições, Faraday rapidamente estabeleceu uma nova explicação para os casos de indução, não podemos considerar que isso se fez num passe de mágica. Ele nunca aceitou a ação a distância, sempre considerou que o meio como um todo se encontrava perturbado pelos condutores e ímãs. Seus estudos iniciais, seus experimentos e análises teóricas levaram-no a solucionar os problemas referentes à indução recorrendo a linhas de forças.

As leis de indução apresentadas por Faraday trouxeram grandes novidades para a indústria. Em 1832, como conseqüência de seu trabalho, um jovem francês, Hippolyte Pixii, exibiu um dínamo para a Academia de Ciências de Paris; e, em 1834, em Londres, E. Clarke desenvolveu o aprimoramento de um gerador elétrico. O trabalho de Faraday foi rapidamente apropriado pela indústria, mostrando o quanto as pesquisas desenvolvidas em laboratório podiam ser fundamentais para o crescimento econômico.

✧ O GERADOR ELETROMAGNÉTICO ✧

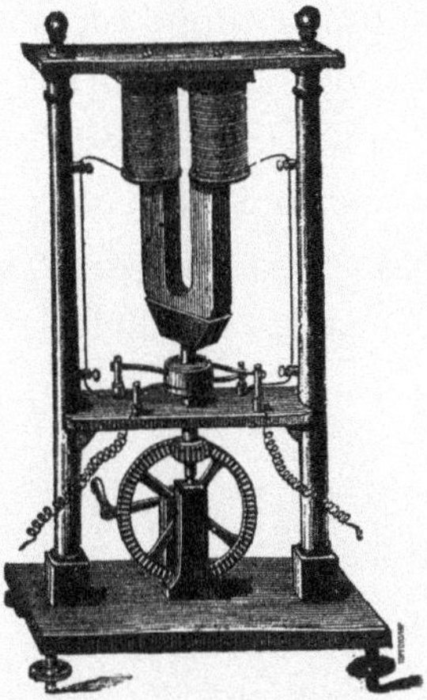

Esquema do primeiro gerador eletromagnético construído por Hyppolyte Pixii.

O diálogo de Ampère e Faraday foi intenso e fez com que este último tirasse conclusões equivocadas a respeito dos fenômenos de indução. Porém, por mais que possamos ver pontos comuns nas trajetórias dos dois, as divergências entre eles foram muitas ao longo dos anos. A formação francesa de Ampère deixou-lhe marcas que Faraday rejeitava.

No processo de discussão da natureza da indução e das linhas de força, o afastamento entre os dois cientistas foi se concretizando, chegando a ponto de Faraday negar totalmente a teoria que inicialmente aceitara, segundo a qual todo efeito magnético poderia ser explicado como resultado da circulação de correntes elétricas.

Faraday trilhou um caminho tortuoso. O laboratório foi seu mestre, mas as respostas não eram suavemente encontradas. Ao longo de sua trajetória, dialogou com seus contemporâneos, aproximando-se de uns, afastando-se de outros, e, ainda, abandonando aliados antigos para construir novas parcerias — além de deixar uma herança que afetou os trabalhos de jovens cientistas de sua época, como o inglês James Clerck Maxwell (1831-79).

Tratamento matemático para as conclusões de Faraday

Maxwell tivera uma sólida formação matemática, que lhe permitiu, ainda jovem, ocupar um destacado lugar na produção científica de seu país. Por volta de 1850, quando iniciou sua carreira, os trabalhos de Faraday já haviam sido divulgados e constituíam um problema para os defensores da visão mecanicista da natureza. Como conciliar a ação a distância com as leis da indução?

A discussão sobre o modo de transmissão da ação eletromagnética, ação a distância ou ação contígua foi objeto de debate e análise no século XIX. Em 1846, Wilhelm Weber (1804-91), buscando unificar a eletrostática com a eletrodinâmica, construiu uma expressão matemática pautada na ação a distância que permitia deduzir as forças elétricas entre duas cargas em repouso (forças eletrostáticas), as forças eletrodinâmicas de Ampère e, ainda, a indução eletromagnética de Faraday.

A função matemática de Weber, por relacionar a dependência de forças com velocidades e acelerações de partículas elétricas, sofreu críticas até dos que defendiam a ação a distância. Esses críticos julgavam a função incompatível com o princípio da conservação de energia. Construiu-se uma resposta; porém, como o debate não foi encerrado, apresentaram-se outras leis matemáticas que analisavam os fenômenos a partir da interação a distância entre partículas elétricas em movimento. Os problemas mecânicos a elas subjacentes eram grandes, tornando vivo o problema da ação a distância.

Em 1834, Friedrich Emil Lenz (1804-65), com base nas conclusões de Faraday, estabeleceu uma lei que explicava os casos de indução a partir da idéia de fluxo. Tomando como base o trabalho de Lenz, em 1845, Franz Neumann (1798-1895) propôs uma análise matemática da indução eletromagnética pautada numa expressão da energia potencial de dois elementos de corrente. A lei matemática de Neumann conseguia tanto deduzir o fenômeno da indução eletromagnética quanto a lei da ação eletrodinâmica de Ampère.

Surgiam respostas às teses de Faraday, porém, as leis da indução não foram as únicas idéias desse cientista a abalar o edifício da ação a distância. Em 1837, Faraday mostrou que todos os corpos possuíam uma capacidade indutiva específica. Essa conclusão levou-o a admitir que a indução eletrostática era fruto da ação contígua das partículas do meio no qual os corpos estavam imersos. Segundo ele, as partículas estariam polarizadas, interagindo lateralmente e ao longo de linhas curvas.

Alguns cientistas defensores da ação a distância viram nessa proposta um reconhecimento de sua tese, uma vez que era possível pensar na existência de uma ação desse tipo entre as tais partículas polarizadas do meio. A crítica fez com que Faraday mudasse de posição a respeito da polarização e resumisse a matéria a centros de força cuja ação se estenderia indefinidamente. Dessa forma, o espaço não estaria preenchido por uma matéria, como o éter, mas por tubos de força, as linhas de força.

A adoção destas últimas considerações implicava a rejeição das teorias subjacentes à ação a distância. Assim, o debate prosseguia sem possibilidade de conciliação entre as duas vertentes.

Foi nesse contexto que surgiram as idéias de Maxwell. Ele aceitava as novidades dos experimentos e teorias de Faraday, porém reconhecia que a análise matemática desenvolvida por seu conterrâneo era insatisfatória para a ciência da época, que privilegiava a metodologia experimental, aliada à matemática. Com o propósito de trazer à indução eletromagnética o status de ciência confiável, ele se empenhou em matematizar de forma apropriada aquela teoria, desenvolvendo seu trabalho a partir do uso de analogias. Assim, para explorar as linhas de força, relacionou o eletromagnetismo à hidrodinâmica. Ele buscava uma semelhança na forma matemática das leis de um domínio de fenômenos com as de um outro, sem, no entanto, pressupor identidade de natureza dos fenômenos estudados.

No início de suas investigações, Maxwell considerou a existência de um meio de suporte para a ação contígua. Tal meio, seguindo princípios análogos a problemas hidrodinâmicos, deveria possuir um estado de tensão interno na direção das linhas de força, e um estado de pressão na direção paralela, capazes de fazer com que os elementos do meio saíssem do estado de equilíbrio. Fora do equilíbrio, eles produziriam as forças tanto sobre os corpos magnetizados quanto sobre os que transportavam a corrente elétrica.

No desenrolar de seu trabalho, Maxwell abandonou esse tratamento mecanizado, considerado artificial demais. Adotou, a partir de então, uma teoria dinâmica, na qual as relações mecânicas pretendidas não estavam mais ligadas a mecanismos inobserváveis, mas a análises matemáticas coerentes com as leis gerais da mecânica.

Maxwell cumpriu seu objetivo, consolidando a tese da ação contígua dos fenômenos eletromagnéticos, com a criação das noções de campo elétrico, magnético, e, mais especificamente, de campo eletromagnético. Utilizou conceitos matemáticos, como os de divergente e rotacional, descrevendo os caminhos para se gerar um campo elétrico, um magnético e um eletromagnético.

Em 1845, depois de realizar experimentos, Maxwell mostrou que uma ação magnética era capaz de provocar uma rotação do plano de uma luz polarizada. A intimidade entre fenômenos luminosos e elétricos revelada nesse experimento foi por ele investigada. Suas análises matemáticas mostraram que o valor da velocidade de uma onda eletromagnética era igual à de uma onda luminosa, sugerindo que a segunda possuía uma natureza eletromagnética. A busca de unidade entre os fenômenos naturais era uma questão importante para Maxwell. A procura da unidade fez com que ele explorasse as relações entre gravidade e eletricidade. Porém, nesse caso, não obteve qualquer conclusão frutífera.

Apesar de toda matematização fornecida por Maxwell, a idéia da propagação contígua da ação eletromagnética sofreu muita resistência. No continente, por exemplo, o cientista Hermann von Helmholtz (1821-94) criou, a partir da apresentação do trabalho de Maxwell, hipóteses de que haveria correntes de polarização nos dieletros e no vácuo, capazes de produzir efeitos eletromagnéticos semelhantes àqueles analisados pelo físico britânico. Helmhotz chegou inclusive a construir equações similares às de Maxwell. Sua proposta teve repercussão: a Academia de Ciência de Berlim ofereceu um prêmio para quem conseguisse construir caminhos para verificar experimentalmente as hipóteses de Helmohtz, ou seja, a polarização de dielétricos causada por força de origem eletromagnética.

A solução da controvérsia?

Heinrich Hertz (1857-94) foi um dos cientistas que se envolveu com esse prêmio. Estimulado por Helmholtz, iniciou seu trabalho em 1886, tendo a teoria daquele cientista como orientação e sem problematizar a real dicotomia entre essa teoria e a de Maxwell — ou seja, o modo de transmissão da ação eletromagnética. Quando já estava mergulhado no tema, Hertz reconheceu o verdadeiro problema sobre o qual deveria se debruçar para resolver a questão original. Percebendo que, ao propor uma passagem da teoria de Helmhotz à de Maxwell, esta última perdia completamente seu sentido físico, redirecionou seus trabalhos adotando a perspectiva de Maxwell. Com esse novo arcabouço teórico, procurou construir experimentos que lhe permitissem responder questões a respeito do modo de transmissão da ação eletromagnética.

As experiências que Hertz concluiu no período da Páscoa de 1888 mostraram que um sinal eletromagnético poderia ser detectado distante do local de sua produção, de forma semelhante ao que ocorria com uma onda luminosa. Como esta, o sinal sofria, em condições apropriadas, reflexão e outros fenômenos comuns às ondas. Por isso, era possível defender a existência de ondas eletromagnéticas, sendo a luz uma onda desse tipo, que se propagava no espaço.

As conclusões de Hertz respaldaram a teoria de campo, ou seja, da transmissão contígua da ação eletromagnética. Por essa razão, suas experiências são consideradas as provas experimentais decisivas a favor de Maxwell. Mesmo com esse reforço, o debate em torno do modo de transmissão da ação eletromagnética não se encerrou. Os defensores da ação a distância tinham dificuldades em compreender muitos dos conceitos definidos por Maxwell.

Ultrapassando o embate teórico, a novidade das ondas eletromagnéticas trouxe incrementos tecnológicos. Na época em que Hertz apresentou seus resultados experimentais, o telégrafo já era conhecido e usado, porém havia um limite para seu alcance, pois toda transmissão ocorria por fios. Algum tempo depois da divulgação do trabalho de Hertz, o limite foi superado com a construção do telégrafo sem fio. Esse novo sistema, que trabalhava com o pressuposto de envio e recepção de ondas eletromagnéticas, foi muito utilizado na Primeira Guerra Mundial.

A transmissão de sinais de rádio, apesar de seguir a mesma linha teórica do telégrafo sem fio, demorou um certo tempo para ser estabelecida, pois o tipo de transmissão não era totalmente evidente. A difusão de concertos foi o primeiro passo para a emissão dos programas de rádio.

O século XX viveu o apogeu das ondas eletromagnéticas. O rádio, a televisão e depois a Internet instituíram novas formas de comunicação entre os homens, inimagináveis para os cientistas que debatiam o modo de propagação da ação eletromagnética e todas as implicações teóricas e filosóficas que o tema proporcionava.

11

A CIÊNCIA NO BRASIL

✧ ✧ ✧

Quando nasceu a ciência em nosso país? A separação política do Brasil e Portugal e a conseqüente construção do Estado brasileiro, num processo ocorrido entre 1822 e 1823, poderia servir como marco de fundação? Naquela época já existiam algumas poucas instituições de pesquisa, e alguns profissionais se encontravam em atividade, ainda que timidamente, como resultado da permanência da família real portuguesa no país desde 1808.

Antes disso, alguns naturalistas haviam visitado as terras brasileiras, e aqui trabalharam matemáticos, físicos e geógrafos. Também diversos engenheiros vieram realizar obras e tentar organizar uma formação técnica na colônia, sobretudo na área militar. Mas será que essas iniciativas individuais e muitas vezes utópicas constituíram um saber-fazer consistente nas áreas técnica e científica?

Responder a essas indagações não é tarefa fácil. Em primeiro lugar porque estabelecer um marco inicial sempre leva ao descaso de algum outro fato anterior que poderia ser considerado primordial ou fundamental segundo diferentes interpretações do que é ciência — e, conseqüentemente, a história da ciência. Mesmo assim, cabe assumir alguma perspectiva, ainda que arbitrária e injusta com o passado. Não se irá escolher aqui nenhum personagem ou instituição para marcar o início da ciência no Brasil. Tomaremos a própria fundação do Estado brasileiro como marco inicial. A partir desse momento, o surgimento de uma política científica, ou a ausência dela, será responsabilidade de brasileiros, embora vivendo em uma nação dependente dos grandes centros europeus.

Antes, porém, é preciso fazer um alerta: em uma obra como esta, em que se procura de forma breve apresentar uma história da ciência moderna, não se pode pretender um aprofundamento do estudo da ciência brasileira. Portanto, aqui será traçado apenas um esboço de seu desenvolvimento no século XIX.

A vinda do príncipe regente d. João VI

O surgimento do Estado brasileiro começou bem antes da Independência. A expansão do poderio francês, comandado por Napoleão Bonaparte no início do século XIX, e seu confronto com o Império Britânico causaram tremendas mudanças na vida do Brasil colonial. Após ser advertido pelas forças inglesas da investida de Napoleão, d. João, príncipe regente por incapacidade de sua mãe, abandonou Lisboa de forma abrupta, vindo se instalar no Rio de Janeiro em 1808, com toda sua corte. Ao chegar, d. João tomou medidas imediatas para dar à colônia um novo status e transformá-la na sede do Reino. Além de abrir os portos brasileiros ao comércio direto com a Inglaterra e seus aliados, transformando a colônia num pólo comercial que passaria a funcionar sem a intermediação da metrópole ocupada, o príncipe regente aboliu a lei que proibia a instalação de indústrias no Brasil, buscando atender à pequena parte da burguesia portuguesa que o acompanhara na viagem.

O futuro rei fundou ainda o Banco do Brasil e, em 1810, instituiu um novo regime comercial, com taxas que privilegiavam a entrada de produtos ingleses no Brasil. Essa medida era contraditória com a liberação concedida à nascente indústria brasileira, pois beneficiava a importação de produtos ingleses. Estes eram fabricados em larga escala para atender ao imenso Império Britânico, tendo com isso preços mais competitivos que aqueles que viessem a ser praticados localmente.

Num século em que a produção dos conhecimentos científicos em algumas áreas, como a física e a química, começava a não ser mais tarefa de filósofos naturais isolados – pois se estreitavam os laços entre ciência e técnica no processo de industrialização –, aquela medida poderia ser considerada um revés, não só do ponto de vista econômico, mas também para o surgimento de uma ciência e uma tecnologia brasileiras.

D. João criou instituições de importância para a colônia, que se tornaram o embrião de futuros centros de pesquisa. O Jardim da Aclimatação foi criado como local específico para adaptar as especiarias trazidas do Oriente. Mais tarde transformou-se no Jardim Botânico, centro de pesquisas no campo da botânica. Em 1818, o príncipe regente fundou o Museu Real do Rio de Janeiro, voltado para o estudo da história natural. Essas duas instituições inspiravam-se nos similares institutos franceses sediados em Paris e nas referências mundiais em suas respectivas áreas. No campo educacional, foram criadas, em 1808, as Escolas de Medicina do Rio de Janeiro e da Bahia, que vieram a desempenhar importante papel no ensino. Ao longo do século, a Escola de Medicina da Bahia tornou-se centro de referência em medicina tropical.

✧ A Missão Francesa ✧

Um ano após a queda de Napoleão, iniciaram-se os contatos entre a corte portuguesa instalada no Brasil e a França, no sentido de restabelecer relações comerciais. Os interesses eram mútuos, pois os franceses precisavam de novos mercados, e os portugueses queriam diminuir a dependência comercial em relação à Inglaterra. Uma missão francesa chegou ao Rio de Janeiro em 1816, composta por artistas formados na escola neoclássica francesa, como os pintores Jean-Baptiste Debret e Nicolas-Antoine Taunay, o escultor Auguste-Marie Taunay os irmãos Marc Ferrez e Zéphirin Ferrez e o arquiteto Grandjean de Montigny. A contribuição desses artistas para o desenvolvimento das artes no Brasil foi enorme.

Dentre os pintores, Debret foi aquele que construiu a obra mais significativa, retratando de forma abrangente e sensível a sociedade brasileira da época. Primo e aluno de Jacques-Louis David, o mais importante pintor neoclássico francês, que retratou os dramas da Revolução e os tempos conturbados mas apoteóticos de Napoleão, Debret procurou criar, com o rigor de sua escola, uma pintura mais que realista do cotidiano brasileiro, construindo um testemunho da vida e dos personagens dessas terras.

O Rio de Janeiro passou a ser a sede do Reino. A vida da cidade mudou do dia para noite com a chegada da corte, formada por militares, clérigos, advogados, médicos e alguns comerciantes. Esse contingente, que somava aproximadamente 12 mil pessoas, causou um aumento populacional significativo para a época. Em poucos meses, a colônia passou a contar com uma infra-estrutura que jamais tivera. A Imprensa Régia trouxe a possibilidade de se imprimirem localmente jornais e livros, o que antes não era permitido.

O surto de industrialização

Como fim da ocupação francesa, e a partir de movimentos que exigiam a volta do já então rei d. João VI para Portugal, a corte regressou a Lisboa em 1821. Na colônia permaneceu o príncipe mais velho, Pedro de Alcântara, que no ano seguinte iria proclamar o Brasil independente e se aclamar imperador Pedro I. Fruto das pressões de uma pequena burguesia que já estava acostumada com as benesses trazidas pela corte, a jovem nação demorou ainda alguns meses para consolidar sua independência.

O Primeiro Reinado foi curto. Após a morte de d. João VI, em 1826, diversas revoltas na metrópole e algumas insatisfações com os rumos tomados pela monarquia brasileira levaram d. Pedro I a abdicar em favor de seu jovem filho e rumar para Portugal, em 1831, com o intuito de assumir o trono português.

O Segundo Reinado foi bem mais longo, pois o imperador foi empossado ainda muito jovem. D. Pedro II era um intelectual muito interessado nas questões que a ciência e a tecnologia traziam para o mundo moderno. Durante seu reinado, realizou viagens à Europa e aos Estados Unidos, onde procurou manter contatos com alguns dos mais importantes inventores da época. Manteve correspondência com diversos cientistas em várias áreas. Entretanto, todo esse interesse era apenas pessoal, descolado de uma política científica e educacional que fomentasse a produção e o ensino de conhecimentos tanto na ciência como na tecnologia.

O surto de industrialização gerado no Segundo Reinado foi muito mais fruto da capacidade empreendedora de um homem, Irineu Evangelista de Souza (1813-1889), o barão de Mauá, que de uma política industrial. Inspirado no modelo inglês, e auxiliado pelos capitais britânicos, Mauá procurou edificar inúmeras empresas que atuavam nos mais diversos campos, da iluminação pública aos transportes, passando por uma rede bancária que chegava ao Uruguai e à Argentina. O orçamento de suas empresas chegou a ser maior que o do Estado brasileiro, mas, como iniciativa isolada, não vingou, em um país agrário, escravocrata e extremamente estatizado. Mauá faliu, mas pagou cada centavo do que devia aos credores, vindo a falecer pouco tempo antes da Proclamação da República.

O surto industrial não constituiu uma indústria de base que elaborasse uma tecnologia voltada para as necessidades brasileiras. No século em que ciência e técnica começavam a dar as mãos, na Europa, tal surto não foi capaz de produzir um desenvolvimento tecnológico significativo, nem promover problemas que desafiassem a pequena comunidade científica brasileira. O modelo inglês que inspirou Mauá, apesar de estar em seu auge, também já começava a dar mostras de esgotamento após a segunda Revolução Industrial.

Enquanto Mauá procurava criar uma base industrial inspirado na experiência inglesa, o governo brasileiro tomou como apoio para a construção de uma política científica o modelo francês. Na França, nem a indústria nem as universidades tiveram papel preponderante na produção científica ao longo do século, ficando essa tarefa a critério de institutos independentes financiados pelo Estado. Ao contrário do projeto universitário alemão, no qual ensino e pesquisa se encontravam entrelaçados, as universidades francesas constituíam um espaço voltado apenas ao ensino. Essa era uma herança do período revolucionário, em que as universidades ainda sofriam grande influência eclesiástica, acarretando a fundação de escolas científicas e institutos independentes a quem cabia desenvolver a pesquisa e a produção de conhecimentos técnico-científicos. O Brasil, que não possuía universidades, inspirou-se no modelo científico francês ao longo de seu primeiro século como nação independente.

A ciência brasileira engatinhou no decorrer do século XIX. Em 1847, foi fundado o Imperial Observatório do Rio de Janeiro, voltado muito mais para tarefas de auxílio à navegação e determinação da hora do que para uma pesquisa astronômica efetiva. As poucas instituições aqui existentes também tinham um caráter mais normativo, para assessoria do aparato estatal, que investigativo.

Pensamento científico brasileiro

Os trabalhos desenvolvidos por essas escolas e institutos foram guiados por duas correntes do pensamento científico vindas da Europa que acabaram extrapolando a ciência, passando a influenciar a política e os rumos do Estado — primeiro no Império e depois na República.

A primeira dessas correntes de pensamento foi o positivismo. O fato de o Brasil adotar o modelo acadêmico francês fez com que as idéias de Auguste Comte (1798-1857) chegassem aos trópicos em duas ondas. A primeira onda surgiu na década de 1840 e baseou-se na obra mais renomada de seu mentor, o *Curso de filosofia positiva*, editado entre 1830 e 1842. Nessa obra, voltada para um público mais amplo, o filósofo procurava refletir sobre questões epistemológicas da ciência. As idéias contidas no *Curso* de Comte circulavam entre os professores das Escolas de Medicina e Engenharia, bem como na Escola Militar do Rio de Janeiro, considerada um reduto positivista. Por seu caráter epistemológico, o livro de Comte acabou restrito aos círculos científicos e técnicos.

A segunda onda do pensamento comtiano chegou ao Brasil a partir da década de 1860. Ao contrário da primeira, ela não se restringiu somente aos homens de ciência, mas teve influência sobre a intelectualidade de uma forma geral. Estava baseada nas idéias contidas no *Sistema da política positiva*, obra editada entre 1851 e 1854. Nela Comte propunha a criação da religião da humanidade e analisava mais profundamente as questões éticas. As reflexões de *Sistema da política positiva* tornaram-se referência entre aqueles que iriam propagar os ideais republicanos nos últimos anos do Império.

A outra corrente cientificista que aportou no Brasil no século XIX foi o evolucionismo. De forma contrária ao positivismo, que chegou ao país já como corrente filosófica, o evolucionismo era uma teoria científica que, embora consolidada em sua idéia central, a transmutação das espécies, ainda se construía no embate entre diversas correntes antagônicas que disputavam a hegemonia sobre a descrição dos processos evolutivos. Portanto, o evolucionismo como sistema de pensamento ainda não estava consolidado no final do século. Desse modo, os naturalistas foram os primeiros a adotar o evolucionismo em seus trabalhos científicos.

Esses cientistas se diferenciavam dos positivistas da primeira onda — que tentavam enquadrar seus trabalhos técnicos e científicos na concepção filosófica de Comte — por terem como base uma teoria científica, e não um sistema filosófico. Só mais tarde, portanto, as vertentes filosóficas, apoiadas nas idéias de Herbert Spencer e Ernst Haeckel, começaram a ampliar a área de influência do evolucionismo, dando subsídios aos debates sociais e políticos.

O principal nome, no Brasil, em termos de contribuição científica foi o de Fritz Müller (1822-97), importante naturalista alemão que chegou ao país em 1852 para trabalhar na agricultura e morar numa colônia de imigrantes — que mais tarde deu origem à cidade de Blumenau. Müller não ficou muito tempo na colônia, onde obteve emprego como professor de matemática na cidade de Desterro (hoje Florianópolis). Depois de desenvolver pesquisas como naturalista, foi convidado a passar um período no Museu Nacional do Rio de Janeiro. A leitura de *Origem das espécies*, de Charles Darwin, levou-o a trabalhar com o referencial da seleção natural em grupos de crustáceos, abundantes na ilha de Santa Catarina. Em 1864 ele escreveu uma importante obra, editada em Leipzig e denominada *Für Darwin*. O livro foi lido pelo próprio Darwin em 1865. A polêmica em torno da seleção natural fez com que o cientista inglês recomendasse a tradução na Grã-Bretanha, em 1869, dez anos após a primeira edição de *Origem das espécies.*

Fritz Müller manteve correspondência com Darwin até 1882, quando soube da morte do colega inglês. Sua obra teve influência sobre o pensamento científico brasileiro e alemão. Uma de suas propostas mais interessantes, mais tarde desenvolvida por Haeckel, foi a de que o desenvolvimento dos embriões recapitularia as etapas de evolução daquela espécie no passado.

Os evolucionistas brasileiros, a exemplo dos europeus, não compartilhavam de uma mesma visão. O problema teleológico, ponto central de todas as discordâncias em relação ao evolucionismo darwinista, também teve fortes repercussões em terras brasileiras. A aleatoriedade da seleção natural, que negava a existência de um projeto preestabelecido para a evolução das espécies, dividia a comunidade científica. O Museu Nacional do Rio de Janeiro tornou-se um dos pólos dos debates entre os partidários do darwinismo, como Müller, e seus opositores, como Ladislau Neto, diretor da instituição durante 18 anos. Apesar de concordar com algumas idéias de Darwin, Ladislau tinha forte simpatia pelos mecanismos adaptativos lamarckistas.

Aqueles que negavam o darwnismo tinham como referência, na Europa, o naturalista francês Armand de Quatrefages de Breu (1810-92). Quatrefages trabalhava com paleontologia e não acreditava na origem comum das espécies. Sua importância no Brasil era tão grande que o próprio imperador d. Pedro II manteve com ele correspondência, durante 20 anos, chegando a enviar alguns espécimes de ossos e fósseis para análise na França. Quatrefages orientava o imperador no financiamento de expedições que pudessem levantar fatos contrários às teses darwinistas.

A vertente social do darwinismo influenciou de forma significativa o pensamento sociológico dos primeiros anos da República. O positivismo comtiano e o evolucionismo tinham grande aceitação entre os intelectuais materialistas que se opunham ao catolicismo e ao Império.

Depois da Proclamação da República, os evolucionistas começaram a contestar o poder dos positivistas, criando um falso debate ideológico no âmbito filosófico. De forma geral, a aceitação dessas idéias tinha o intuito de colocar o Brasil na pauta dos debates filosóficos e científicos europeus, trazendo pouca contribuição efetiva para a confrontação das idéias.

As proposições de Haeckel tornaram-se fundamentais para o pensamento sociológico brasileiro. A recapitulação embrionária serviu de inspiração para que parte da intelectualidade do país defendesse que as jovens nações, como o Brasil, deviam refazer o caminho histórico das mais desenvolvidas. A Alemanha, que na época começava a despontar como potência, servia de modelo. Dessa forma, num país onde persistia uma forte cultura escravocrata entre as elites — mesmo depois do fim da escravidão — e com forte miscigenação, as idéias de seleção racial possuíam solo fértil onde prosperar.

No campo das idéias, o Brasil absorveu rapidamente as correntes filosóficas européias. Entretanto, como nação, não houve uma política que formasse e sustentasse uma comunidade científica criativa, inserida nos debates mundiais, embora trabalhando a partir de problemas locais.

CONCLUSÃO

✧ ✧ ✧

O século XIX representou um divisor de águas. O modelo de ciência criado no século XVII e desenvolvido ao longo do XVIII começou a ter alguns de seus fundamentos colocados em xeque a partir da segunda metade do século XIX.

A visão de Universo-máquina havia se transformado ao longo desse tempo. Num primeiro momento, o modelo era o relógio mecânico, com suas engrenagens e movimentos síncronos. Mais tarde, a máquina térmica, com seus fluxos de vapores e líquidos. Na física, o advento do eletromagnetismo colocou em cena novos conceitos que não mais se enquadravam na idéia de uma natureza composta apenas por corpos em movimento. Mesmo a ressurreição do conceito de átomo, implementada pelos químicos, apesar de se sustentar num universo corpuscular, gerava alguma desconfiança metafísica, causada pelas dimensões ínfimas, não passíveis de se ver a olho nu.

Na biologia, a nova teoria evolucionista criada por Darwin, além de redefinir o papel do homem no planeta, começava a questionar uma série de fundamentos presentes em diversas teorias científicas existentes há séculos. O caráter determinístico, próprio do mecanicismo, não se encaixava no mundo microscópico. Os novos campos de investigação apontavam para uma ciência de cunho probabilístico, em que a descrição matemática do fenômeno se tornava mais importante que a compreensão de sua essência.

Todos estes foram fatores que levaram os cientistas a buscar novos caminhos no final do século XIX.

No plano social acontecia exatamente o contrário. O final do século XIX significou o auge da crença no progresso impulsionado pela ciência e sua mais nova aliada, a tecnologia. A belle-époque da ciência constituiu um tempo de celebração pelas conquistas dos últimos anos.

O século XX irá assistir ao fim desse sentimento e o surgimento de um novo caminho para a ciência.

PARA SABER MAIS

A nova aliança, de Ilya Prigogine e Isabelle Stengers (Brasília: Editora da Universidade de Brasília, 1984)

Um livro importante para a análise da ciência da complexidade em que as teorias do calor, a termodinâmica e a teoria cinética dos gases são fundamentais. Os autores fazem um longo percurso desde a síntese newtoniana do final do século XVII até a metade do século XX, dessa forma mostram a importância das teorias da termodinâmica para a construção de novas formas de compreensão do Universo.

De Arquimedes a Einstein: face oculta da invenção científica, de Pierre Thuillier (Rio de Janeiro: Zahar, 1994)

Esse livro traz em seus oito capítulos um interessante panorama da história do desenvolvimento científico. Por não tratar de um relato meramente factual sobre a história da ciência, o autor permite uma produtiva reflexão em torno ao conhecimento científico.

Autobiografia (1809-1882), de Charles Darwin (Rio de Janeiro: Contraponto, 2000)

Um importante testemunho de Charles Darwin sobre sua vida. Poucos cientistas colocaram no papel relatos sobre o processo de construção de suas teorias.

✧ ***A recepção do darwinismo no Brasil***, organizado por Heloísa Domingues, Magali Romero Sá e Thomas Click (Rio de Janeiro: Fiocruz, 2003).

Coletânea de artigos sobre a recepção das idéias de Darwin e de alguns de seus opositores no Brasil. Um importante estudo sobre a história da ciência no Brasil desde o fim do século XIX até o século XX.

A CIÊNCIA NO UNIVERSO DA CULTURA

Cinema

O vento será sua herança, 1960 e 1999

Filme norte-americano que narra a saga de um professor acusado de ensinar o darwinismo numa escola americana. O caso chega aos tribunais e movimenta toda a imprensa do país, tornando-se um grande espetáculo. O julgamento, ocorrido em 1925, mostra a dificuldade de aceitação da teoria de Darwin por determinados segmentos da sociedade pouco mais de sessenta anos após sua publicação, já no século XX. Existem duas versões para este filme, a primeira de 1960 e a segunda de 1999.

História da Arte

Impressionismo, de Meyer Schapiro (São Paulo: Cosac & Naify, 2002)

Um livro muito importante para se conhecer um dos principais movimentos artísticos do século XIX, particularmente por ter um capítulo dedicado à análise das relações entre ciência e arte. Além disso, a obra proporciona uma melhor compreensão do movimento impressionista a partir dos principais artistas e suas obras. O autor busca situar a arte dentro do contexto histórico em que o Impressionismo surgiu, construindo com isso um panorama do século XIX.

✧ Literatura

A Eva futura, de Villiers de L'Isle-Adam (São Paulo: Edusp, 2001)

Este livro escrito em 1886 tem para personagem central Thomas Edison, que cria um andróide, chamada Hadaly, capaz de se comunicar através de dois fonógrafos, de invenção do próprio personagem e instalados em seus pulmões. O criador carregou os fonógrafos de textos dos melhores poetas, filósofos e romancistas de seu tempo, assim como copiou gestos e expressões. Pretendeu ter construído a mulher ideal, sem suspeitar das conseqüências de seu feito. Essa obra, ao ironizar a idéia de progresso, traz questões a respeito do desenvolvimento tecnológico.

Os irmãos Karamazov, de Dostoiévski (São Paulo, Presença, 2002)

Uma das grandes obras da literatura mundial serve aqui para enfatizar como o contexto cultural de uma época é importante para compreendermos a ciência que nela se desenvolve. A referência feita pelo autor às geometrias não euclidianas mostra-nos como a ciência também participa da edificação do ambiente cultural da época em que suas teorias são construídas.

✧ Iconografia

Impressionismo

Os quadros dos principais pintores desse movimento artístico servem para que possamos compreender melhor as transformações que estavam acontecendo na segunda metade do século XIX. As novas concepções espaciais, as relações espaço-temporais ou a atomização da natureza podem ser apreendidas em pintores como Cézanne, Monet e Seurat, respectivamente.

BIBLIOGRAFIA

ABRANTES, Paulo. *Imagens de natureza, imagens de ciência.* São Paulo: Papirus, 1998.

_______. "A metodologia de J.C. Maxwell e o desenvolvimento da teoria eletromagnética". *Cadernos Catarinenses de Ensino de Física*, v.5, jun 1988.

AMPÈRE, André-Marie. *Memoire sur les effets du courant eléctrique*, 1ª ed. Paris: Chez Crochard Libraire, 1820.

_______. *Théorie mathématique des phénomènes électro-dynamiques uniquement déduite de l'expérience*, 1ª ed. Paris: Jacques Gabay, 1990.

AYALA, F. e R. Ruiz. *De Darwin al DNA y el origen de la humanidad la evolución y sis polémicas.* México: Fondo de Cultura Económica, 2002.

BARTH, Michael. "Eletromagnetic rediscovered using original texts". *Science & Education*, v.9, n.4, 2000, p.375-87.

BENSAUDE-VINCENT, Bernadete e Catherine Kounelis. *Les atomes une anthologie historique.* Paris: Presses Pocket, 1991.

BOWLER, Peter. *Evolution, The History of an Idea.* Berkeley: University of California Press, 1989.

BUCHWALD, Jed Z. *The Rise of the Wave Theory of Light.* Chicago: The University of Chicago Press, 1989.

BUICAN, Denis. *Darwin e o darwinismo*. Rio de Janeiro: Zahar, 1990.

CANEVA, Kenneth. "Ampère the etherians and the Oersted connexion". *The Bristish Journal for the History of Science*, v.13, n.44, 1980, p.121-38.

_______. "Physics and Naturphilosophie: a reconnaissance ". *History of Science*, v.35, 1997, p.35-78.

_______. "The heuristic role of Maxwell's mechanical model of electromagnetic phenomena". *Studies in History and Philosophy of Science*, v.17, n.4, 1986, p.415-42.

_______. *Robert Mayer and the Conservation of Energy*. Princeton: Princeton University Press, 1993.

CERCIGNANI, Carlo. *Ludwig Boltzmann: The Man Who Trusted Atoms*. Nova York: Oxford University Press, 1998.

CHEN, Xiang. "The debate on the 'polarity of light' during the optical revolution". *Archive for History of Exact Sciences*, v.50, n.3-4, 1997.

CLARKE, Bruce e Linda Dalrymple Henderson (org.). *From Energy to Information: Representation in Science and Technology, Art, and Literature*. Stanford: Stanford University Press, 2002.

COLEMAN, William. *Biology in The Nineteenth Century – Problems of Form, Funtion, and Transformation*. Cambridge: Cambridge University Press, 1977.

COHEN, I. Bernard e Richard S. Westfall. *Newton: textos, antecedentes e comentários*. Rio de Janeiro: Contraponto / Eduerj, 2002.

COMTE, Auguste. *Curso de filosofia positiva*. São Paulo: Abril, 1978 (col. Os Pensadores).

COVENEY, Peter e Roger Highfield. *A seta do tempo*. Mira-Sintra: Europa-América, 1990.

CROSLAND, M.P. *The Science of Matter: A Historical Survey*. Middlesex: Penguin Books, 1971.

DARWIN, C. *Autobiografia, 1809-82*. Rio de Janeiro: Contraponto, 2000.

_______. *A origem das espécies e a seleção natural*. Curitiba: Hemus / Novo Século, 2000.

_______. *Viagem de um naturalista ao redor do mundo*. Porto Alegre: Globo, s.d.

DAY, Peter (org.). *The Philosopher's Tree: Michael Faraday's Life and Work in his own Words*. Bristol: Institute of Physics Publishing,1990.

DOMINGUES, H., M. Romero Sá e T. Glick (orgs.). *A recepção do darwinismo no Brasil*. Rio de Janeiro: Fiocruz, 2003.

FARADAY, Michael. "Experimental researches in electricity". *Enciclopedia Britannica*, 1831.

_______. "On the physical lines of magnetic force". *Royal Institutuion Proceedings*, 1852, 1ª ed. *Greats Books of the Western World*, v.45, 1952. *Enciclopedia Britannica*, 1852, p.816-9.

_______."On some points of magnetic Philosophy". *Greats Books of the Western World*, 1952, 1ª ed., v.45, *Enciclopedia Britannica*, 1855, p.830-7.

HARMAN, P.M. *Energy, Force and Matter: The Conceptual Development of Nineteenth-Century Physics*, 8ª ed. Cambridge: Cambridge University Press,1995.

_______. *Wranglers and Physicists: Studies on Cambridge Physics in the Nineteenth Century*, 1ª ed. Manchester: Manchester University Press, 1985.

GEISON, Gerald. *A ciência particular de Louis Pasteur*. Rio de Janeiro: Fiocruz / Contraponto, 2002.

GIBERT, Armando. *Origens históricas da física moderna*. Lisboa: Fundação Calouste Gulbenkhian, 1982.

HENDRY, John. *James Clerck Maxwell and the Theory of the Eletromagnetic Field*. 1ª ed. Bristol / Boston: Adam Hilger, 1986.

HESSE, Mary. *The Structure of Scientific Inference*, 1ª ed. Nova York: The Macmillan Press, 1974.

IVINS JR., William M. *Art & Geometry: A Study in Space Intuitions*. Nova York: Dover Publications, 1964.

JAFFE, Bernard. *Crucobles: The Story of Chemistry*. Nova York: Dover Publications, 1976.

KOEHLER, Carlos B.G. *Origens históricas e conceituais do indeterminismo na dinâmica clássica*. Tese de doutorado, Rio de Janeiro, Coppe/UFRJ, 1995.

LAMARCK, Jean-Baptiste. *Philosophie zoologique*. Paris, GF / Flammarion, 1994 [1809].

LANGANEY, André. "Fugue à deux voix pour une théorie". *Les Cahiers de Science & Vie*, n.6, 1991.

LEVITT, Theresa. "Editing Out Caloric: Fresnel, Arago and the Meaning of Light". *BJHS*, n.33, 2000, p.49-65.

MARTINS, Lilian A.P. "Lamarck e o vitalismo francês". *Perspicillum*, v.9, n.1, Mast, s.d.

_______. "O papel da geração espontânea na teoria da progressão dos animais de J.B. Lamarck". *Revista da Sociedade Brasileira de História da Ciência*, v.11, 1995, p.57-65.

_______. "Herbert Spencer e o neolamarckismo: um estudo de caso". III° Encontro de Filosofia e História da Ciência no Cone Sul, Campinas, AFHIC, 2004.

MARTINS, Roberto de A. "Mayer e a conservação de energia". *Cadernos de História e Filosofia da Ciência*, n.6, 1984, p.63-84.

_______. "Oersted e a descoberta do eletromagnetismo". *Cadernos de História e Filosofia da Ciência*, n.10, 1986, p.89-114.

MAYER, Julius Robert. "Observações sobre as forças da natureza inanimada". *Cadernos de História e Filosofia da Ciência*, n.6, 1984, p.85-95.

MAXWELL, J. Clerck. "On Faraday's Lines of Force". *Scientific Papers*, Cambridge, Niven, W.D., 1980, p.155-229.

MERZ, John Theodore. *A History of European Scientific Thought in the Nineteenth Century*. Nova York: Dover Publications, 1965.

MORUS, Iwan Rhys. "Galvanic cultures: electricity and life in the early Nineteenth Century". *Endeavour*, v.22, n.11, 1998, p.7-11.

OERSTED, Hans Christian. "Experiências sobre o efeito do conflito elétrico sobre a agulha magnética". *Cadernos de História e Filosofia da Ciência*, n.10, 1986, p.115-22.

PATY, M. et al. (org.). *A ciência nas relações Brasil-França (1850-1950)*. São Paulo: Edusp / Fapesp, 1996.

PEREIRA JUNIOR, Alfredo. *Irreversibilidade física e ordem temporal na tradição boltzmanniana*. São Paulo: Unesp, 1997.

PICHOT, André. *Histoire de la notion de gene*, Paris: Champs / Flammmarion, 1999.

PINHO, Suani Tavares Rubim de e Roberto Fernandes Silva Andrade. "Evolução das idéias da termodinâmica e da mecânica estatística". In

José Fernando M. Rocha (org.). *Origens e evolução das idéias da física.* Salvador: EDUFBA, 2002.

PRIGOGINE, Ilya. *O fim das certezas: tempo, caos e as leis da natureza.* São Paulo: Unesp, 1996.

PRIGOGINE, Ilya e Isabelle Stengers. *A nova aliança: metamorfose da ciência.* Brasília: Editora da UNB, 1984.

PULLMAN, Bernard. *The Atom in the History of Human Thought.* Oxford: Oxford University Press, 1998.

RADL, E.M. *História de las teorías biológicas*, 2 vol. Madri: Alianza Editorial, 1988.

RUSE, Michael. *La revolución darwinista.* Madri: Alianza Universidad, 1983.

SEGRÈ, Emilio. *From Falling Bodies to Radio Waves: Classical Physicists and their Discoveries*, 1ª ed. Nova York: W.H. Freeman and Company, 1984.

SERRES, Michel. *História das ciências*, 3 vol. Lisboa: Terramar, 1996.

SCHAPIRO, Meyer. *Impressionismo.* São Paulo: Cosac & Naify, 2002.

SMITH, Crosbie. *The Science of Energy: A Cultural History of Energy Physics in Vitorian Britain.* Chicago: University of Chicago Press, 1998.

SOUZA FILHO, Osvaldo Melo. "Helmholtz e a conservação da energia". In Fátima Évora (org.). *Século XIX: o nascimento da ciência contemporânea.* Campinas: Unicamp, 1992.

STEGMULLER, Wolfgang. *A filosofia contemporânea*, v.1, 1ª ed. São Paulo: Editora Pedagógica e Universitária, 1977.

STRATHERN, Paul. *O sonho de Mendeleiev: a verdadeira história da química.* Rio de Janeiro: Zahar, 2002.

TATON, René. *La science contemporaine: le XIXe siècle*, 1ª ed. Paris: Quadridge / Presses Universitaires de France, 1955.

THOMAS, John Meurig. *Michael Faraday and the Royal Institution: The Genious of Man and Place*, 1ª ed. Bristol / Filadelfia / Nova York: Adam Hilger, 1991.

THUILLIER, Pierre. *De Arquimedes a Einstein: a face oculta da invenção científica*. Rio de Janeiro: Zahar, 1994.

TORT, Patrick. "Darwinisme social: la méprise". *Les Cahier de Science & Vie*, n.6, 1991.

VIDEIRA, Antônio Augusto Passos. "A física no século XIX: perspectivas históricas e epistemológicas". *Revista da Sociedade Brasileira de História da Ciência*, n.13, jan-jul, 1995, p.11-4.

WILLIAMS, L. Pearce e John Steffens Henry. *The History of Science in Western Civilization: Modern Science, 1700-1900*, v.3. Nova York / Londres: University Press of America, 1978.

WILLIAMS, L. Pearce. *The Origins of Field Theory*, 1ª ed. Boston / Londres: University Press of America, 1980.

_______. "Why Ampère did not discover electromagnetic induction?". *American Journal of Phisics*, v.54, n.4, abr 1986, p.306-11.

_______. "What were Ampère's earliest discoveries in electrodynamics?". *ISIS*, v.74, n.274, 1983, p.492-508.

_______. "André-Marie Ampère". *Scientific American*, jan 1989, p.72-8.

WILLIAMS, Trevor (org.). *Biographical Dictionary of Scientists*. Glasgow: Harper Collins Publishers, 1994.

BREVE HISTÓRIA DA CIÊNCIA MODERNA

EM 4 VOLUMES

✧ ✧ ✧

VOLUME 1
Convergência de Saberes
(Idade Média)

VOLUME 2
Das Máquinas do Mundo ao Universo-Máquina
(séculos XV a XVII)

VOLUME 3
Das Luzes ao Sonho do Doutor Frankenstein
(século XVIII)

VOLUME 4
A Belle-Époque da Ciência
(século XIX)